光速・時空・生命
秒速30万キロから見た世界

橋元淳一郎
Hashimoto Junichiro

インターナショナル新書 147

目次

まえがき

まず最初にお断りしておきたいのだが、本書は単なる科学解説本ではない。

光速・時間・空間という言葉が並べば、相対性理論について語ることは避けられないし、じっさい本書も前半は光速、超光速、ウラシマ効果（双子のパラドックス）といった相対性理論を軸にした話が並ぶのだが、読み進めていただければ「ただの科学解説書」ではないな、ということに気づかれるであろう。

タイトルは、「光速・時空」の次に「生命」という言葉が続く。

生命現象が生物学の言葉だけで語られるものではないことは、今や常識であるが、時空と生命はどう結び付くのであろうか。

20世紀の代表的な物理学者、エルヴィン・シュレーディンガーの『生命とは何か　物理的にみた生細胞』（岩波新書　1951年、現在は岩波文庫）は、生命を物理学の観点から見るという考え方の出発点ともなった本であり、それ以後、生命はエントロピー増大の法則という物理学と結び付くこととなった。本書ももちろんこの名著の影響を受けている。

第8章で触れるエントロピー増大の法則は、物理学の中でおそらく唯一「時間の矢」と結び付く法則である。この法則以外の物理法則は、ことごとく時間対称だ。つまり、法則の中に出てくる時刻tをマイナスtとしても、法則はそのまま成立するということである。対して、孤立した系のエントロピーは（確率的に）必ず未来へ向かって増大する。

ところが、生命体のエントロピーは増大しない。物理法則を破っているのではなく、外界と相互作用することによって、エントロピーの増大分は体外に棄てているのである。

これをシュレーディンガーは「生命は負のエントロピーを食べる」という名言で説いた。

ここに物理学と生命の接点があるということになる。

しかし、これはまさに接点であって、物理学における時間と生命（人間）の感じる時間は、まったく似て非なるものである。このあたりのことを説明するには、もはや物理学は無力である。こうして、「時間論」という哲学が登場することになる。

本書では大森荘蔵《しょうぞう》の時間論に簡単に触れることになる。大森は、物理学が示す現在と我々が感じている現在は違うものだと主張する。筆者も同感である。

そして、これは2冊の前著（『時間はどこで生まれるのか』と『空間は実在するか』）でも述べたことなのだが、結論的には、時間の流れを創るのは生命であるだろうということである。

もちろん、確たる科学的根拠があるわけではない。それゆえ、単なる思い込みと言われてしまえばそれまでだが、それならば時間の流れはどこにあるのか。物理学の中から納得できる答えを見出すことは、難しいであろう。

さて、冒頭でも述べたように、本書は単なる科学解説本ではない。光速の壁やタキオンの話、さらにはウラシマ効果を一般相対性理論で説明するといったことは、たしかに相対性理論の解説ではあるのだが、筆者の思いはこのような常識とは相容れない世界の面白さを、実感をもって読者の方々に伝えたいということにあるのである。

もし、光速の壁を越えることができたら、どのような世界が展開するのか、タキオンの立場に立てば時間と空間はどう見えるのか、といった、いわばSF的発想である。

これは一種の思考実験である。

思考実験で有名なのは、ハイゼンベルクの不確定性原理であるが、これは簡単に言えば、じっさいに実験するのではなく、頭の中で実験を企てて、論理的にどのような結果が得られるだろうかと推論する、こういう試みのことである。

とはいえ、本書での試みは、あえて言うなら、SF的思考実験である。

最近はSFという言葉がポピュラーになり、アニメやゲームの世界でも抵抗なく使われるようになってきた。SFが市民権を得たという意味で、それは喜ばしいことであるが、一方で本来のSFの意味とはかなり異なってきてしまった。

言うまでもなく、SFとはサイエンス・フィクション、当初は空想科学小説と呼ばれた。フィクションであるから、もちろん学問的なサイエンスとは一線を画するのだが、まだ「市民権」を得ていなかった頃のSFには、物理学者や化学者が書いたものがけっこう多かったのである。

第2章でも紹介するが、タキオンという超光速粒子の論文が書かれたのは、一つのSF作品からヒントを得たからだった。

そういうことで、本書の内容も光速・時空・生命に関わるSF的な思考実験と捉えていただければよいかと思う。

最終章まで読んでいただいて、読者の方々それぞれが、宇宙はなぜ存在するのか、生命とは何か、そして広大無辺の宇宙の中になぜ我々は存在するのか、といった答えの出ない問いに思いを馳せていただければ、筆者望外の幸せである。

第1章　光速の壁

光の速度を測る

人は光が通信の手段として使えることを大昔から知っていたに違いない。考古学的な根拠は定かでないが、たぶん文字の発明より昔から分かっていたのではないだろうか。人間に限らず動物（あるいはすべての生命？）は他者とのコミュニケーションの中で生きているから、情報を得る、情報を伝えるということには、食料を得るのと同じくらいの重要性を認識している。だから、情報が伝わる速度は速い方がよいに決まっている。そういう意味では音も非常に重要な通信手段であるが、光には到底及ばない。遠方での事象の変化、たとえば花火の打ち上げでは音が遅れて伝わってくることがはっきり分かる。つまり、音は空間を伝わるのに時間がかかる。言い換えれば、音には速さがあるということが分かる。それに対して、光は我々の感覚では瞬時に伝わるように見える。光にも速さがあるということが分かったのは、文明が相当進んでからであろう。古代ギリシャのエンペドクレス（紀元前490頃～紀元前430頃）は**光速有限論**を唱えたそうである。

実証的な光速の測定は1675年にオーレ・レーメル（1644～1710）によって初めてなされた。レーメルは木星の衛星イオが食によって木星の後ろに隠れる現象を利用してイオの公転周期を測定し、地球が木星に近づいているときには周期が少し短くなり、遠ざかっているときには逆に長くなることを観測した。イオの公転周期は地球の運動とは関係がないはずだから、木星からの映像が地球に届くのに時間がかかることを示している。こうしてレーメルは光が有限の速さを持つことを示した。レーメル自身は数値まで算出していないが、彼の観測結果から計算すると、光の速さは秒速約21万キロメートルとなる。これは現在分かっている秒速約30万キロメートルとはかなり違うが、当時の観測技術をもってすれば画期的な発見であった。

ちょうどこの頃、クリスティアーン・ホイヘンス（1629~95）は**光の波動説**を唱え、非常に緻密な光波の理論を組み立てた。レンズによる光の**屈折現象**や回折格子による**干渉現象**[※1]などは、ホイヘンスの理論で完全に説明することができる。波動が**媒質**[※2]の振動の伝播《でんぱ》であることは、ホイヘンスだけでなく万人が認める事実であった。光速がきわめて速いことから、ホイヘンスは**光波の媒質**（**エーテル**[※3]）はきわめて堅くきわめて弾性力に富んだ微粒子であると考えた。

※1　たとえば0・1ミリメートル、あるいはもっと狭い間隔で二つ（以上）のスリットを作り、そこに光を通すと、スリットを通過した光が干渉して、背後のスクリーンに明暗の縞模

様が映る。これが回折格子による光の干渉現象である。ＣＤの表面に虹色の縞模様ができるのも、光の通過ではなく反射によるものであるが、同じ原理による光の干渉現象である。

※２　音波や水面を伝わる波など、波動とは、ある場所で何かが振動し、それが空間を伝わっていく現象である。たとえば、音波は音源での空気の分子の振動が空間を伝わる現象であり、水面の波は水の分子の振動である。このそれぞれの場所で振動する物質をその波動の媒質と呼ぶ。

※３　音波や水面を伝わる波など、ふつうの波動現象は物質の振動が空間を伝わる現象である。たとえば音波は空気の分子の振動であり、水面の波は水の分子の振動である。これらの振動する物質を波の媒質という。当時はすべての波は媒質の振動の伝播であると信じられていたので、光波も波動であるから何かの振動が空間を伝わっているはずだと思われていた。この光波を引き起こしている振動する物質をエーテルと呼んだのである。しかし、光波は真空中を伝播し、媒質が存在しないことがやがて明らかになった。なお、化学物質のエーテルとはまったく無関係である。

光波の媒質であるエーテルの存在を疑う者は、当時誰もいなかったが、19世紀半ばにジェームズ・C・マクスウェル（1831〜79）が自ら導いた電磁場の方程式から**電磁波**の存在を予言し、その電磁波の速さが**光速**であることが理論的に明らかになると、にわかに雲行きが怪しくなってきた。というのも、電場や磁場は真空中でも存在するものであり、その電場と磁場によって光速で伝わる電磁波が存在するとすれば、果たしてそれはエーテルとどのような関係になっているのであろう？

20世紀になってアルベルト・アインシュタイン（1879〜1955）が**特殊相対性理論**を打ち立てたことによって、エーテルの存在は完全に否定された。光波は媒質の振動の伝播によって伝わる波ではなかったのである。光波すなわち電磁波は、電場の変化が磁場を生み、磁場の変化が電場を生む、というメカニズムで真空中を伝播する。要するに、物質の振動ではない。それゆえ、相対速度という考え方が通用しないことも充分に考えられる。

光速がどんな観測者から見ても同じであるということは、我々の常識からすると非常に奇妙なことに思えるが、光が物質の伝播ではないのであれば、そういうことも論理的には許されるかもしれない。そして、じっさいそうなのである。

ただし、「どんな観測者から見ても」という言い方は不正確である。正確には「**慣性系**※

に乗ったどんな観測者から見ても」としなければならない。じっさい、光速は不変ではないのである。しかし、少し先走ってしまった。それについては第3章で詳しく見ていくことにする。

※物体の位置や速度などの物理量は、その物体を観測している人（観測者）によって違った値を取る。つまり、それぞれの観測者が乗っている座標系（物差し）があるわけである。慣性系とはそういう座標系の一つで、外から何の力も受けず静止している、あるいは等速直線運動をしている座標系を慣性系と呼ぶ。

さて、相対性理論の登場によって、この世界の何ものも光速より速く動くことはできないということが明らかになった。ただし、ここでもう少し正確に言っておかなければならない。ここで言う光速は、真空中での光速である。真空中ではない場所、つまり媒質中では光の動きは遅くなる。物質があると、光も動きにくいのである。原子や分子の存在が光の動きの邪魔をすると考えればよい。

たとえば、屈折率1・33の水の中を進むときには、光の速さは真空中の速さの1・3

3分の1になる。真空中では秒速30万キロメートルであったが、秒速約22・5万キロメートルに減速してしまうのである。それでは屈折率1・33の水の中ではすべての物質が秒速22・5万キロメートルより速く動けないのかというと、そうではない。つまり、媒質中では光より速く動く粒子が存在しうるということである。じっさい、媒質中で光より速く動く電子が観測されていて、その電子からは光が放出される。つまり、光が電子の動きに追いつかなくて置き去りにされ、それがあたかも電子からの放射のように見えるわけである。これを**チェレンコフ放射**という。1937年にパーヴェル・チェレンコフ（1904〜90）が発見したので、そう呼ばれている。

こんなふうに光速不変は絶対真理ではなく、きわめて限られた条件のもとでの真理なのである。

そんなことを頭の片隅に置いたうえで、光速の壁について考えていくことにしよう。

速さとは？　動きとは？

光速に限らず、そもそもモノの速さとはいったい何であろう？

もちろん、速さとは動いた距離をそれに要した時間で割り算したものである。つまり、具体的には毎秒何メートル進むか、あるいは毎時何キロメートル進むか、ということである。

速さとは

距離÷時間

である。

これは自明のことである。しかし、そんなふうに言ったとき、モノの動きというのはどこに現れているのだろうか。距離はたとえばメートルという単位で測る距離、あるいは位置と位置の間隔である。そして、時間はたとえば秒という単位で測るある瞬間と別の瞬間の間隔である。物理学では距離や時間は次元と呼ばれていて、これは単位を用いてある数で表される。我々の常識、あるいは物理学の常識はそういう次元が存在することをよく知っている。そうした物理学の次元の中に動きはない。

動きとは何か。これはある意味、深遠なる問いである。

動きとは何か。これについては、あらためて第5章で考察することにしよう。

ここでは、速さとは

距離÷時間

で表される物理量ということで割り切って話を進めよう。

相対性理論は、最近では「相対論」と略することが多いのだが、まさにこの距離と時間、すなわち**空間**と**時間**の物理学である。相対論の中にはモノの動きというものはない。相対論は純粋な幾何学である。

相対論で用いられる幾何学は、**ミンコフスキー空間**と呼ばれている。アインシュタインが相対論を創り上げたとき、その数学的構造について助言を与えたのがヘルマン・ミンコフスキー（１８６４〜１９０９）であり、それにちなんでこの奇妙な時空構造はミンコフスキー空間と呼ばれている。

ミンコフスキー空間は、相対論を少しでも学んだことがある人にとってはお馴《な》染《じ》みのものである。

それは時間と空間を同じ次元として描く。つまり、時間と空間が同じ尺度で測られるのである。もっと具体的に言えば、メートルと秒が同じになるのである。

アイザック・ニュートン（１６４２〜１７２７）の物理学は、時間と空間を独立した別々の次元と見なす。だから、時間が存在しない空間というものも想像することができる。それに対して、空間の存在しない時間というものはなかなか想像しにくいが、それでも**絶対**

時間というものは空間の状態に依存せず、独立に存在する。それは永遠の過去から永遠の未来に向かって一様に進む流れである。それだから、空間は3次元の**ユークリッド空間**として存在し、時間とは独立に存在するものだった。

これがニュートンの世界観であり、20世紀の初めまでほとんどの人が信じていた「真理」であった。ニュートンの物理学によってこういう世界観が生まれたのかもしれないが、少なくとも、現在の我々には非常に馴染み深い、そして納得のいく説明である。

それに反して、相対論が主張する世界観は、我々の常識とはまったく相容れないものである。我々の認識の中では、時間と空間はまったく違うものである。イマヌエル・カント（1724〜1804）は、空間を外感によって表象される現象の形式だと言う（難しい表現だが、我流に解釈すれば「私」の外的世界を成立させている器《うつわ》のようなものであろう）。それに対して、時間は内感の形式であると言う。つまり、空間と時間は我々の世界を成立させている根本的な枠組みであるが、双方はまったく独立した存在なのである。

そのような相異なるまったく独立した枠組みを、相対論はどのように融合させたのであろうか。

相対論的世界の枠組みを、SF的思考実験という立場から描いてみよう。

図 1-1　時間と空間を表す基本のグラフ

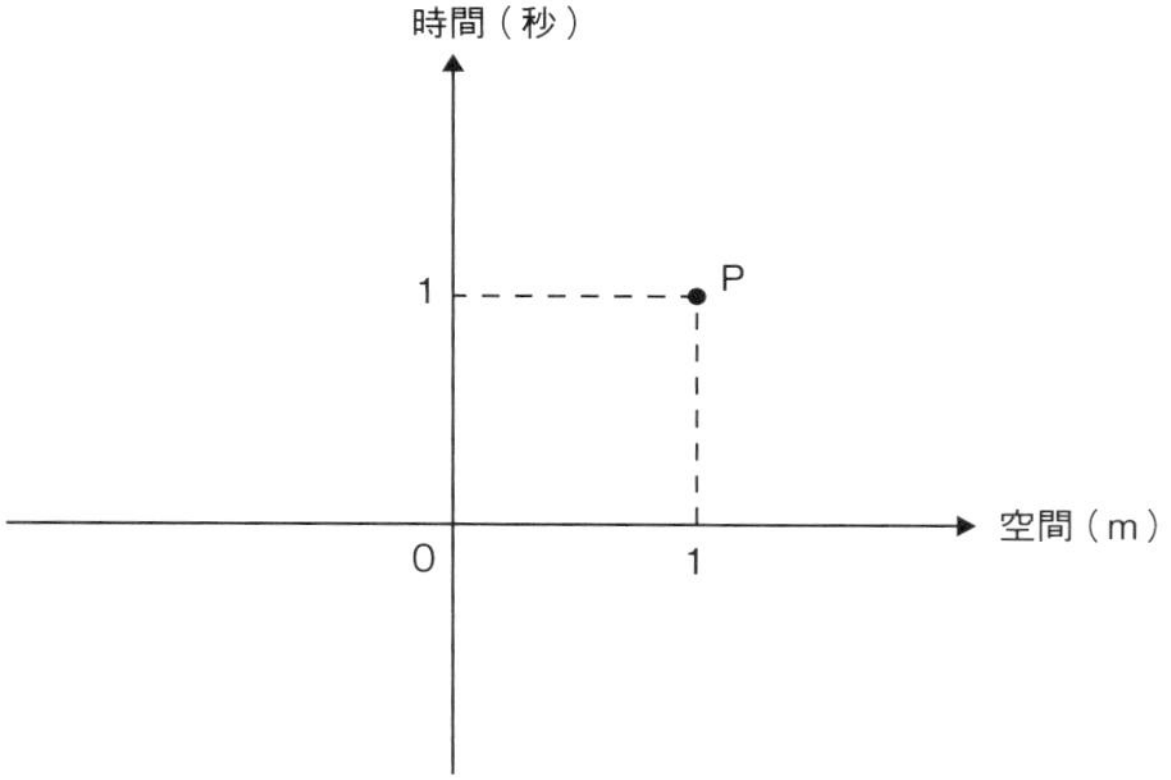

時間と空間を同じ次元で扱う

相対論の時空構造はミンコフスキー空間で表されると先に述べた。これを相対論の解説書では、しばしばグラフで表す。**図1-1**のように、縦軸に時間、横軸に空間を取ったグラフである。

空間は3次元であるが（なぜ空間が3次元なのかも謎であるが、それはさておき）、紙の上に描くのは無理なので、ここでは1次元すなわち1本の軸で表しておく。

習慣上、縦軸を時間、横軸を空間と取るが、これはもちろん逆でもかまわない。このようなグラフがミンコフスキー空間である。単純なグラフであるが、これが深遠なのである。

グラフのある点Pは空間のある位置、時刻のある瞬間を表している。たとえば、

位置x＝1メートル
時刻t＝1秒

という具合である。これは位置1メートルの地点で時刻1秒の瞬間に何かがある、何かが起こる（事象）ということを意味している。

もちろん、この座標は、どこを原点に取るかに依存している。そしてふつうは、この原点0を今現在の「私」、あるいは「観測者」に取る。

ここで気を付けなければいけないことは、この原点0は不動の点ではないということである。

座標の原点と言えば、ふつうは固定された点を思い浮かべるが、ミンコフスキー空間の原点は、空間だけでなく時間も固定するのである。つまり、ふつうの空間（ユークリッド空間）では、時間は空間とは独立に存在しているが、ミンコフスキー空間の原点は時間も固定してしまうので、我々の感覚で言うと、ある瞬間にだけ存在する座標系である。

たとえば、ふつうの空間（ユークリッド空間）に座標系を取り、原点を観測者（私）として世界を見てみよう。私は道路脇に立っていて、道路を走る車を見るとする。そうすると、1台の車が左から来て右へ通過していくのが見える。つまり、車は動いている。空間の原点を固定すると、モノの動きが見えるのである（当たり前のことであるが）。

それに対して、ミンコフスキー空間の原点を固定すると、空間も時間も固定されるから、モノの動きは見えないのである。

ミンコフスキー空間にはモノの動きはない！

これがふつうのユークリッド空間とミンコフスキー空間の決定的な違いである。

それでは、ミンコフスキー空間ではモノの動きはどう表現されるのかといえば、1本の線で表現されることになる。

たとえば、原点0を通る**図1-2**のような直線ℓを考えてみよう。

この直線ℓは等速で運動する物体の軌跡であるが、ふつう我々が思い浮かべる軌跡と違って、時間的な軌跡を含んでいる。たとえば、直線ℓ上の点（1，1）は、この物体が1秒後に1メートルの位置に、2秒後には2メートルの位置にいることを表している。つまり、物体の未来の位置を示している。時間軸が正の領域はすべて未来の出来事を表したものである。時間軸が負の領域はもちろん過去の出来事であるから、ミンコフスキー空間上に描かれた1本の線は、ある物体の過去・現在・未来のすべてと位置を示した軌跡ということになる。これをこの物体の**世界線**と呼ぶ。

図 1-2　世界線

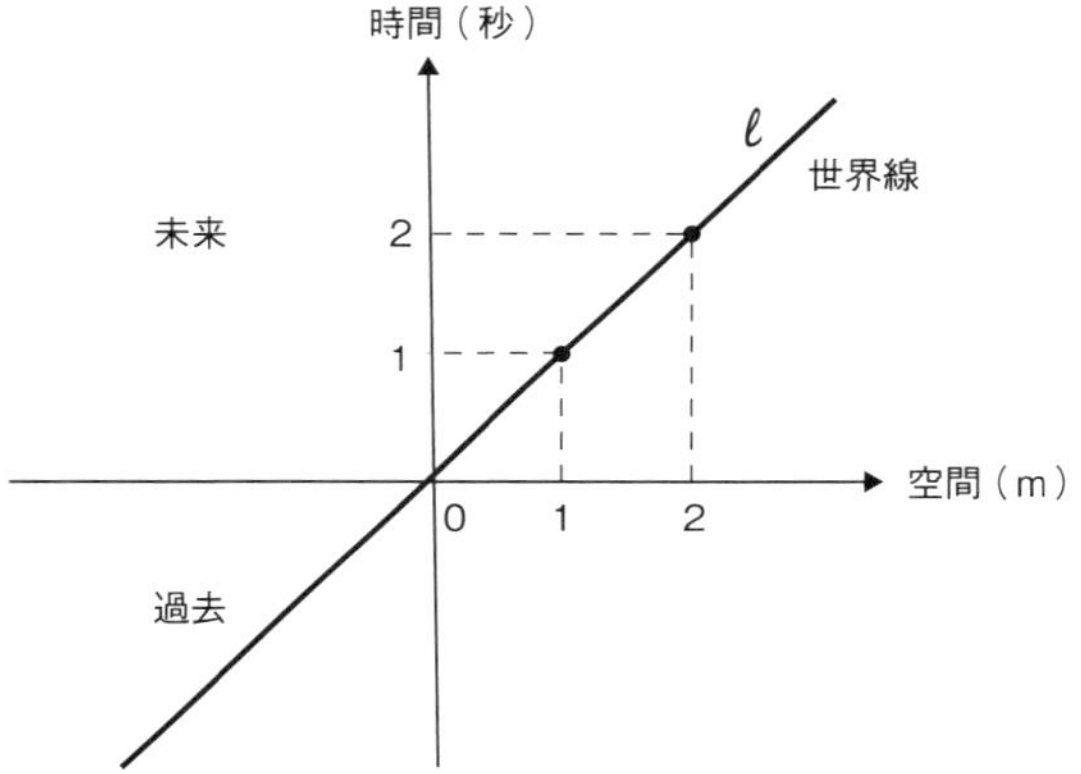

そして、このような座標系と世界線はある瞬間にしか存在しない。なぜなら、座標軸の原点0にいる「私」、あるいは「観測者」は、次の瞬間、座標軸の時間軸上をプラス方向にわずかに動いて新しい座標系に乗っているからである。我々の「意識」はつねに異なるミンコフスキー空間に次々と乗り移っているのである。

そして、モノの「動き」というものは、この座標系を乗り移ることによって、初めて見えてくるのである。

相対論は言うまでもなく決定論である。宇宙の過去・現在・未来はすべてあるがままにある。しかし、「まだ来ぬ未来も決められている」ということではない。「まだ来ぬ未来」などというものは、今この瞬間に存在する「私」、すなわち主観の内にだけ存在するのであって、客観的な過去・現在・未来は、時間を超越して存在するのである。

時間は実数、空間は虚数

さて、もちろん相対論は単に時間と空間を同じ次元にしただけではない。数学的に言えば、ミンコフスキー空間がユークリッド空間と異なるのは、座標軸が**実数**と**虚数**に振り分けられる点にある。

これは相対論における要《かなめ》であって、時間と空間が同じ次元であるにもかかわらず、まったく異なる性質を持つ理由なのである。

もちろん、絶対的な真理などというものは知り得ないであろうから、「時間は実数であり空間は虚数である」というのは、時間と空間の本質を知るための数学的手段に過ぎないであろう。じっさい、時間を実数、空間を虚数として計算すれば、時間が遅れたり空間が縮んだりする事実を正確に計算できるのである。

初めて相対論を知ったとき、誰しもが、自分に対して運動している人の時間は遅れ、空間は縮むという事実に吃驚仰天《びっくりぎょうてん》する。そんなことは想像だにしないからである。それゆえ、

図 1-3　時間は実数、空間は虚数

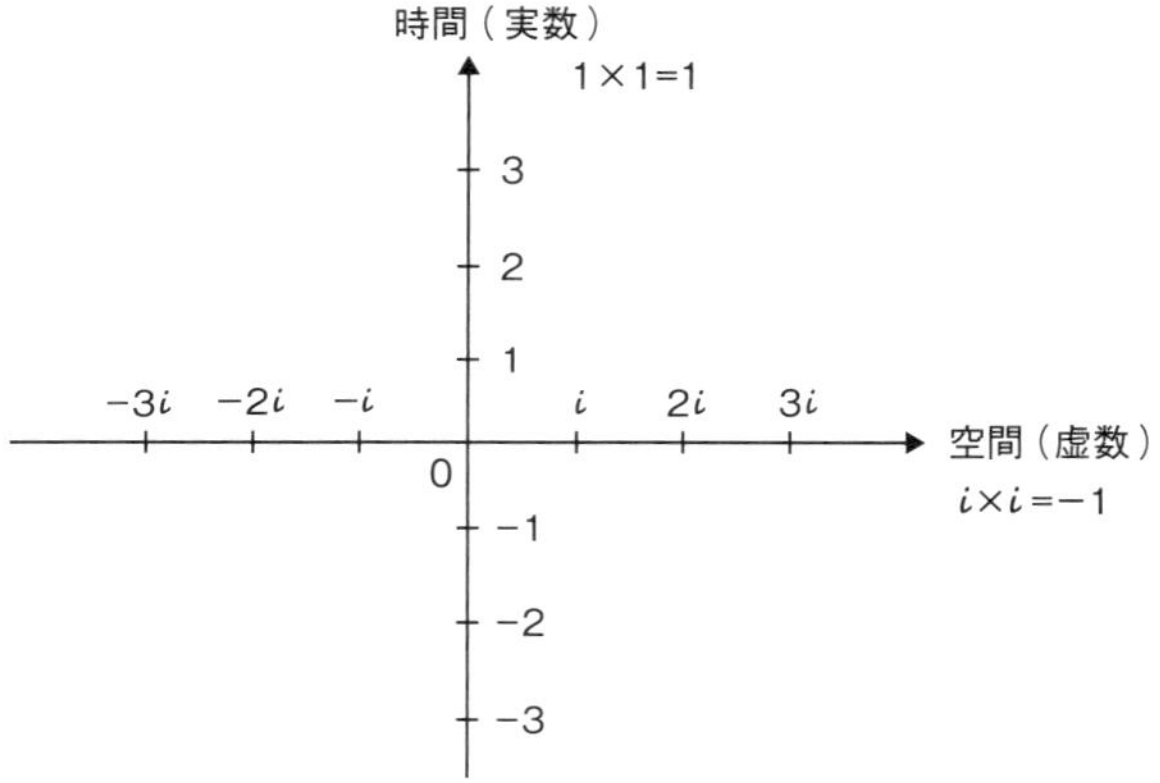

相対論は難しい、不思議な理論だと思うのである。

ところが、時間軸と空間軸を同じ座標系に持ち込み、時間軸を実数、空間軸を虚数とするだけで、（特殊）相対論の不思議な現象はすべて計算できてしまう（図1-3）。要するに、**ローレンツ変換**※とは実数軸と虚数軸で作られる座標系の座標変換に過ぎないのである。

※ある現象を観測する人、すなわち観測者は、その人の座標系を持っている。静止している観測者と、ある速度で動いている観測者では、当然その座標系も異なってくる。しかし、ニュートン力学では時間の流れはどの観測者にとっても同じなので、観測している事象の空

間的な位置だけが観測者によって異なることになる。この空間的な位置座標の違いを表す式を、ガリレイ変換と呼ぶ。それに対して、相対論では同じ事象を観測しても、観測者によって位置だけでなく時間も変化することになる。このような相対論による変換の規則をローレンツ変換と呼ぶ。アインシュタインが相対論を完成させる以前に、この変換式はローレンツにより発見されていたので、ローレンツ変換と呼ばれている。

我々がそうした事実に気づかないのは、ひとえに光速があまりに速過ぎるからである。日常感覚的には、時間の単位は1秒、そして距離の単位は1メートルというのが、バランスのとれた設定であろう。ところが、光は真空中では1秒間で30万キロメートル進むのである。つまり、相対論的には1秒という時間に対応する距離は30万キロメートルである。これは地球と月の距離に匹敵する。

だから、もし我々の身長が地球と月の距離に近い30万キロメートルであったなら、我々は相対論が導く時間の遅れや空間の縮みをもっと身近に感じることができたであろう。ブライアン・オールディスのＳＦ『地球の長い午後』※（ハヤカワ文庫ＳＦ）では、地球と月を橋渡しする超巨大な樹木が登場するが、そんな樹木の身になれば時間の遅れや空間の縮みも日常経験としてふつうの出来事になるのかもしれない。[1] しかし、そんな超巨大な生命は今のところ存在しないし、人間がそこまで巨大な存在になることもないであろう。人間をはじめとするふつうの生命がせいぜいのところ数十メートルまでの大きさであるのは、もちろん地球の重力等々の制約から来ているところが大であろうが、相対論を身近に感じては生命活動が維持できないという制約があるのかもしれない。

※SF作家、ブライアン・オールディスの代表的SF小説。潮汐《ちょうせき》力の作用によって地球の自転が遅くなり、月の公転と同じ周期になったはるか未来を舞台にした奇想天外だが臨場感に溢《あふ》れる作品。地球と月はつねに同じ面を向け合っているので、その間を蔦《つた》植物が繋《つな》ぎ、地球上の生物が地球から月へと移住し、巨大な生命圏を作っている。さまざまな恐ろしくおどろおどろしい生物（それら全部に名前が付いている）を相手に繰り広げる、変容した未来の人類の冒険物語である。１９６２年の作品。

質量とは何か

さて、生命とは無縁の物理学、相対論では、時間と空間の尺度は光速を基準にして測られる。

光速とは、モノが動く速さではないのである。

光はモノ、すなわち物質ではない。

物質ではないが、現代物理学では、光は**素粒子**の一種である。だから、我々の周りにある物質、あるいは我々自身を構成している物質、すなわち陽子や中性子（これらはさらにクォークで構成されている＝123ページ参照）や電子と同じ素粒子の仲間である。そういう意味では光は生命を構成する一つの要素と言えるのだが、ふつうの物質と決定的に違うのは、質量が0であるという点である。

我々の日常感覚で言えば、質量を持たないものは物質ではない。質量がないものがなぜ存在できるのか。質量がないということは、存在しないということと同義ではないのか？

この常識は、素朴な哲学の第一歩である。

ニュートンも、質量はその物質に固有の何かある嵩《かさ》であると考えていた。そして、それ以上、質量について詮索はしなかった。

ところが現代物理学は、質量を存在するものに与えられた本質的で固有の量だとは見なさないのである。

結論を言えば、質量とはエネルギーであるということだ。

すなわち、根本的に存在するものはエネルギーであって、質量はエネルギーが空間の一点に閉じ込められたものなのである。

そのような仕組みを作っているものは、**ヒッグス機構**※と呼ばれている。

※20世紀の素粒子物理学の到達点は標準理論（次のページを参照）であるが、標準理論ではすべての素粒子は質量を持たないことになっている。しかし、現実の素粒子は（光子を除いて）質量を持っている。その理由を説明する理論がヒッグス機構である。ビッグバン直後に真空の相転移という現象によって偶然にヒッグス機構というものが生まれ（それに伴ってヒッグス粒子と呼ばれる素粒子も誕生し）、多くの素粒子はヒッグス粒子に邪魔されて光速で飛べなくなり、それによって質量が生まれたという。理論が作られたときは仮説に過ぎなかったが、ヒッグス粒子がじっさいに観測され、今では正しい理論として扱われている。

ヒッグス機構（ヒッグス場）が、なぜ、どのようにしてできたのかはよく分からないが、少なくとも宇宙に最初から必然的に存在したものではなかったらしい。現代物理学の基本原理は**標準理論**※と呼ばれている。標準理論が100パーセント正しいかどうかはまだ証明されていないのだが、少なくとももっとも信じるに足る素粒子理論であるとみなされている。そして、この標準理論には質量という概念がないのである。つまり、すべての素粒子は質量を持たず、光と同様に光速で「動く」。

※1970年代半ばに体系化された素粒子物理学の基本的枠組みであり、20世紀物理学の到達点と言われている。この理論では、この宇宙には17種類の素粒子があるとされ、物質の究極単位は大きくクォークとレプトンに分類される。標準理論では、すべての素粒子は質量を持たず光速で動くことになっているが、ヒッグス粒子が生まれたことによって素粒子の質量が生まれた。

本来、素粒子とはそういうものなのだが、ビッグバンの瞬間、あるいは直前、ヒッグス場というものが偶然生じ、質量を持つ素粒子群ができたという次第である。

よって本来、素粒子は質量を持たず、空間を光速で飛び交う存在なのである。

しかし、相対論によれば、光速で動くものの固有時間は0である。もし、光と一緒に飛ぶことができたなら、その人の時計は止まってしまう。さらに、空間は**ローレンツ短縮**※により長さ0、つまりペシャンコになってしまう。光の立場に立てば、我々が言うところの時間と空間はなくなってしまうのである。

※28ページで相対論における座標変換であるローレンツ変換を解説したが、このローレンツ変換式を用いると、動いている座標系に乗った人が見るものの長さ（空間的な距離）は静止した人の見るものの長さよりつねに短くなる。つまり、空間が縮むわけである。この空間の縮みのことをローレンツ短縮と呼ぶ。52ページに、光速の99・999パーセントの速さで動いた場合、どの程度空間が縮むのかの例を取り上げているので、参考にしていただきたい。

それゆえ、ヒッグス場がなければ、我々が今体験しているような空間も時間もすべて幻想ということになる。

ヒッグス場のおかげで、質量というものを持つことができ、それが時間と空間の拡がりを我々にもたらしたのである。

非常に奇妙な、信じられないような事実であるが、これが現代の物理学が正しいと結論付けた宇宙の真理なのである。

あらためて強調するけれど、光速はモノの速さではない。モノから質量を取り除けば、それはもうモノではなくなり、そのモノではない何ものかは光速になるのである。

つまり、光速とは、追いかけて追い越せるような存在ではなく、我々が決して辿《たど》り着けない目に見えない壁のようなものなのである。

それはどんな壁なのか。

壁の向こうには何があるのか。あるいは何もないのか。

このような素朴な疑問が湧いてくる。

実世界と虚世界を隔てる光速の壁

これらの疑問に対して、我々は自らの常識で対応しようとしがちである。つまり、光速といえども有限の値なのだから、とてつもなく速い宇宙船を作って追いかければ追いつけるのではないかとか、時間が止まると自分の周りの世界がすべて凍結したような状態になるので弾丸も止まり、弾丸に当たるのを避けることができるのではないか、というようなことを考える。

我々はふつう常識でしかものを考えられないから、これは仕方ないことである。しかし、宇宙の真理というのは（そういうものがあるとして）我々の常識を超えたところにある（と思う）。

そのため、その真理に少しでも近づくために、我々は数学を用いるのである。数学も我々の常識の一つであるが、時として、日常経験を超えた真理を与えてくれる。

もちろん、もっと超常的な思考なり体験が真理を伝えうるということもあり得ないことではないかもしれない。しかし、そのような手法はそのような思考や体験を持った人でないと理解できないし、じっさい少数の人々にしかできないことである。

それに対して、数学や物理学は論理的な思考の枠組みで考えるので、多くの人にとっての共通認識として共有できるのである。

さて、その数学を使って相対論的時空というものを描いてみると、図1-4のようになる。

ミンコフスキー空間だから、ある瞬間、ある場所にだけ存在する空間である。

この観測者にとって、世界は二つに分断されている。

図 1-4　ミンコフスキー空間

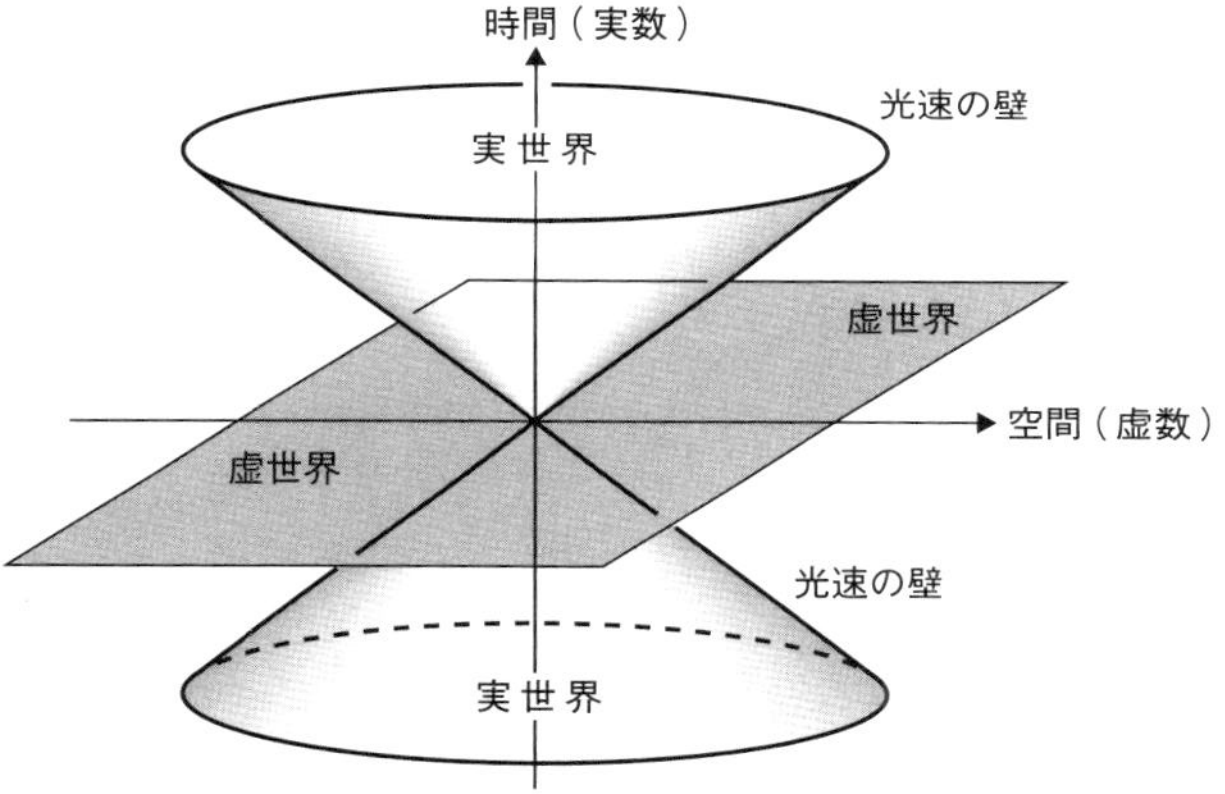

すなわち、**実世界**と**虚世界**である。

じっさいは、我々の空間は3次元で時間も含めて4次元時空になるが、そのような図は描けないので、空間を2次元平面にして描いている。

原点（すなわち「今現在の私」）を頂点として、円錐《えんすい》状の境界が延びていて、時間軸はその中心を貫いている。この時間軸を含む上下（未来と過去）の円錐の中が「実」世界である。そして、外側の空間軸を含む領域が「虚」世界である。

「実」と「虚」の意味は、原点から測った距離が「実」世界では実数になり、「虚」世界では虚数になるという意味である。これは原点にいる「私」は実世界とは因果関係が持てる（違う表現をすれば「到達できる」）が、虚世界とは因果関係が持てない（「到達できない」）という意味である。

それゆえ、虚世界には何が存在するのかということは、「私」には決して分からない。

しかし、これは永久に分からないという意味ではない。時間軸上の違う時刻に原点を持つ「別の私」には、「今の私」にとって虚である世界も、実になることがある。

何やら神秘めいた妄想のように聞こえるかもしれないが、相対論が正しいかぎり、これは厳然たる事実なのである。

光速の壁は円錐

さて、この実世界と虚世界の境界をなす円錐こそが光速である。

何度も強調するが、光はモノではなく、その速さはモノの速さではない。光速とは実世界と虚世界を峻別《しゅんべつ》する絶対的な壁なのである。

我々はなぜこの光速の壁の存在に気づかないのであろうか？

それはすでに述べたことであるが、我々は空間的にきわめて微小な存在だからである。

我々が身長30万キロメートルもある巨人だったなら、光速の壁はもっと身近な存在となり、虚の世界があるらしいということを体感できるかもしれない。

あるいは、見方を変えれば、我々は時間に鈍感過ぎるとも言える。30万分の1秒という短い時間を1秒程度の時間に感じるほど敏感なら、虚の世界の存在を感じられるであろう。

1メートルと1秒が対応するような時空（すなわち人間が感じる時空）では、この光速の壁は**図1－5**のようになってしまう。

つまり、我々の日常感覚では、虚の世界は原子の厚みくらいの狭い領域に閉じ込められているのである。

光速の壁はもちろん我々の目には見えない。モノではないから見えるわけもないのだが、物理学と数学はその壁を我々に見せてくれている。

どういうことかというと、何度も言うように真空中の光速は秒速30万キロメートルという値であり、これは不変な物理定数である。さらに、相対論では空間と時間の次元が同じものになる（つまりメートルと秒が同じ次元になる）から、速度（＝メートル／秒）は次元のない数になる。すなわち、光速は次元のない、ただの数なのである。

だから、

光速 $c = 3.0 \times 10^8 \mathrm{m/s}$

図 1-5　光速の壁に閉じ込められる虚の世界

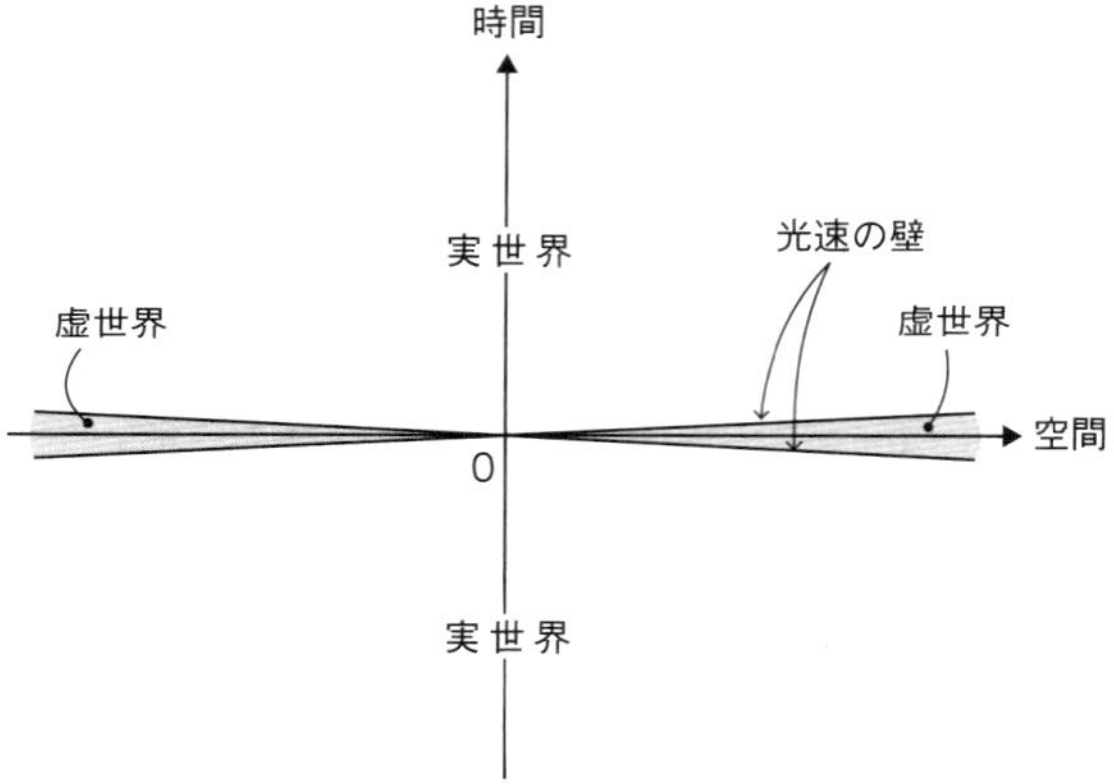

はたまたそういう値をとるだけのことであって、本来どんな数でもかまわないのである。そこで、人間を超巨人にするか、もっと時間に敏感な感覚器官を持たせることによって、

光速＝1

としてしまおう。このようにしていけない理由は何もない。

そういうことで、相対論では、

$c = 1$

とするのである。

そうすることによって、我々の時空の構造が鮮明に現れてくる。

そのようにして描いた時空（ミンコフスキー空間）が**図1－4**なのである。もう一度、掲載しておこう。

図1-4（再掲）　ミンコフスキー空間

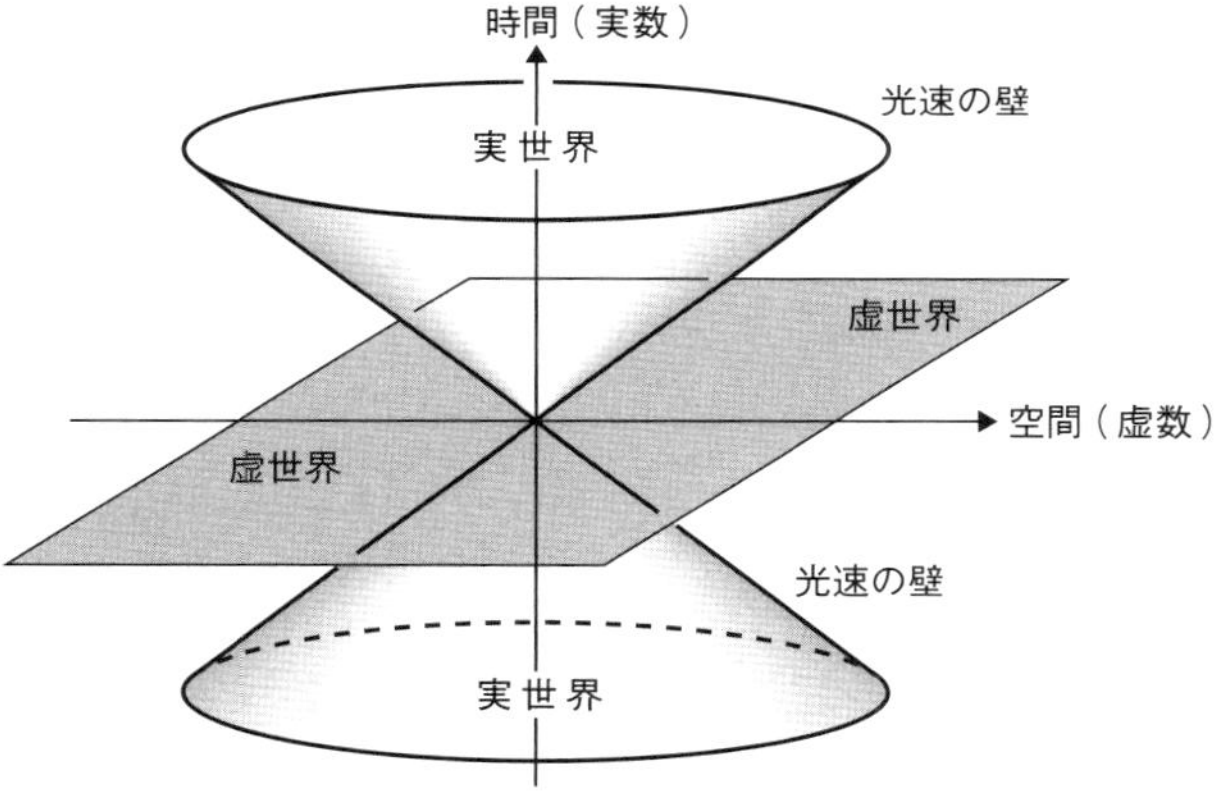

この図で見るかぎり、実世界と虚世界は対称的に存在する。

つまり、虚世界は「私」とは因果関係のない世界であるが、ちゃんと存在していて実世界と同じ大きさ（空間×次元空間での）を持つ。ただ、「私」にとっては見えない、因果関係のない世界なのである。

この図でもう一つ不思議なことは、実世界の対称性である。

原点にいる「私」から時間軸が上下に続いている。まず、下の方に目をやると、そこは過去の世界である。そして、実世界であるから、もちろん「私」は因果関係を持つことができ、じっさい我々は過去の事象を知ることができる。

それに対して、上の方に拡がっているのは未来の世界である。そして、「私」は未来世界と因果関係を持つことができる。原点にいる「私」が未来の何かに影響を与えることはもちろん可能である。じっさい、我々は日夜、未来のために考え、行動しているのである。

ところが、未来の世界は実世界であるにもかかわらず「私」には見えない。因果関係は一方的である。

ふつう、未来の出来事が現在の「私」に影響を与えるということはないと思われている。しかし、相対論のミンコフスキー空間は、それについては何も答えてくれないのである。これは相対論だけでなく、ほとんどの物理法則がそうである。

なぜ、過去は見えるのに、未来は見えないのか。

物理学も数学もそれには答えてくれない。相対論に限って言えば、未来の実世界と過去の実世界は完全に対称的であり、仮に時間軸が逆転しても、何ら理論的に支障は来《きた》さないのである。

未来の事象が現在の事象に影響を与えることがあり得るということは、最近の量子力学の知見からは完全に否定されず、あり得るという説も出始めている。

しかし、ちょっと先走ってしまった。このことについては、あらためて第2章で考えることにしよう。

時間軸の対称性と現実の過去と未来の非対称性については、謎だらけである。物理学はこの問題を解決していない。解決しようという試みもあまり聞かない。時間が過去から未来へ流れているということは、物理学においてさえ自明過ぎる事実として受け容れられているように見える。それはある意味ニュートンの絶対時間への過信であるようにも見える。

しかし、そのことはSF的思考実験の試みとしてはもっとも大きなテーマなので、これから章を追って、エキサイティングな考察を加えていくことにしよう。

とりあえずは、相対論が示すミンコフスキー空間が、「私」の宇宙を実世界と虚世界に分割しているという事実を受け容れて、それでは虚世界は本当に存在するのか、存在するとしたらどのような世界なのか、ということを第2章で考えていくことにしよう。

第2章　タキオンの世界

虚の世界

第1章でこの世界は実世界と虚世界に二分されていることを見た。そして、我々の興味はむろん虚世界にある。第2章ではこの虚世界の実相に迫っていくことにしよう。

実世界と虚世界——この二つの世界の大きさを比較すると、我々の日常感覚では虚世界はきわめて薄い時空に閉じ込められている（図2-1a）。しかし、光速＝1という時間と空間を対称的に取った尺度で見ると、実世界と虚世界の体積はまったく等しい（図2-1b）。

つまり、この世界の半分は虚の世界だということになる。

それでは虚の世界とは、いったいどんな世界なのだろうか。

何か得体の知れない魑魅魍魎《ちみもうりょう》が闊歩《かっぽ》する世界なのだろうか。

じつは、そうではない。

虚世界に存在するもろもろの事象は、実世界に存在する事象とまったく同じである。そこにいる人は、自分の世界が実世界だと思っているし、じっさいそうである。

つまり、実世界と虚世界は絶対的に存在しているのではなく、「私」という観測者によって創られている世界なのである。

図 2-1　実世界と虚世界

a 日常感覚での虚世界

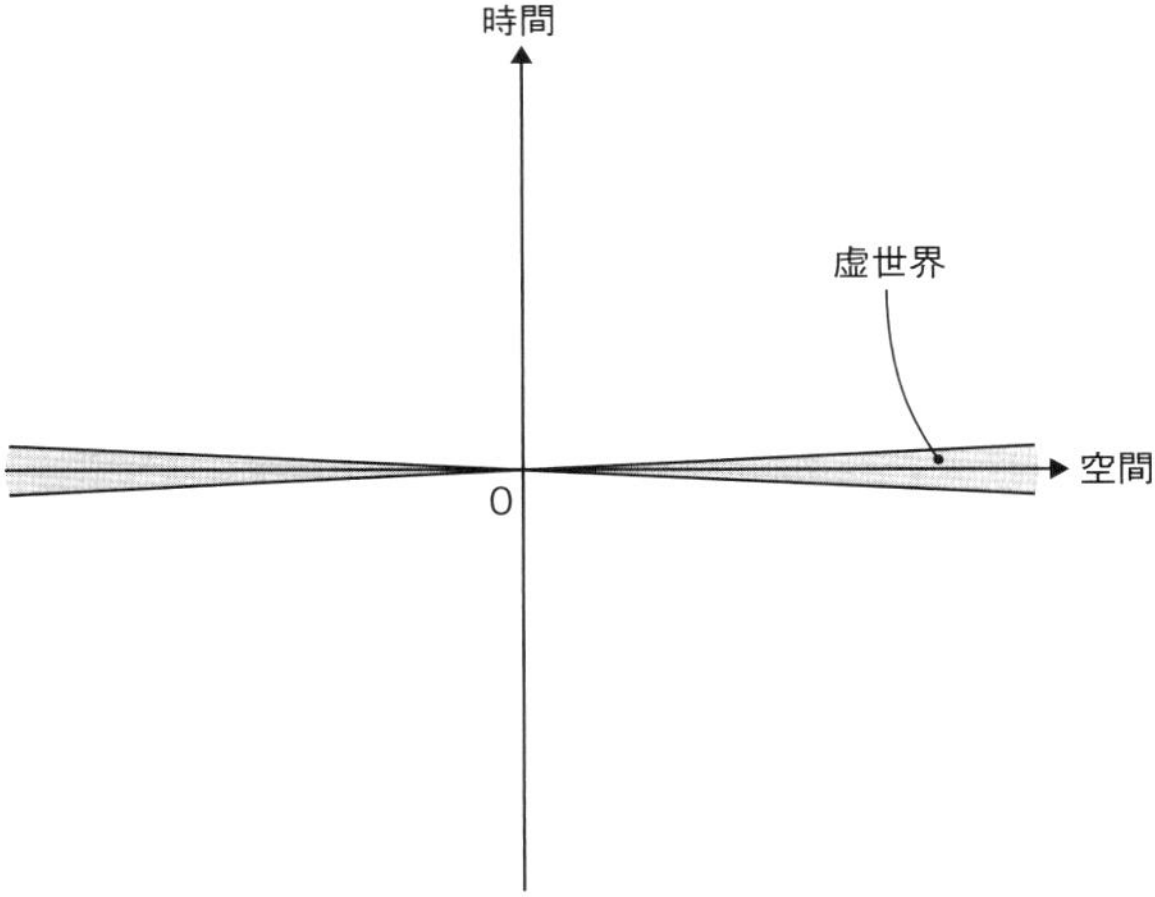

b 光速 =1 としたときの虚世界

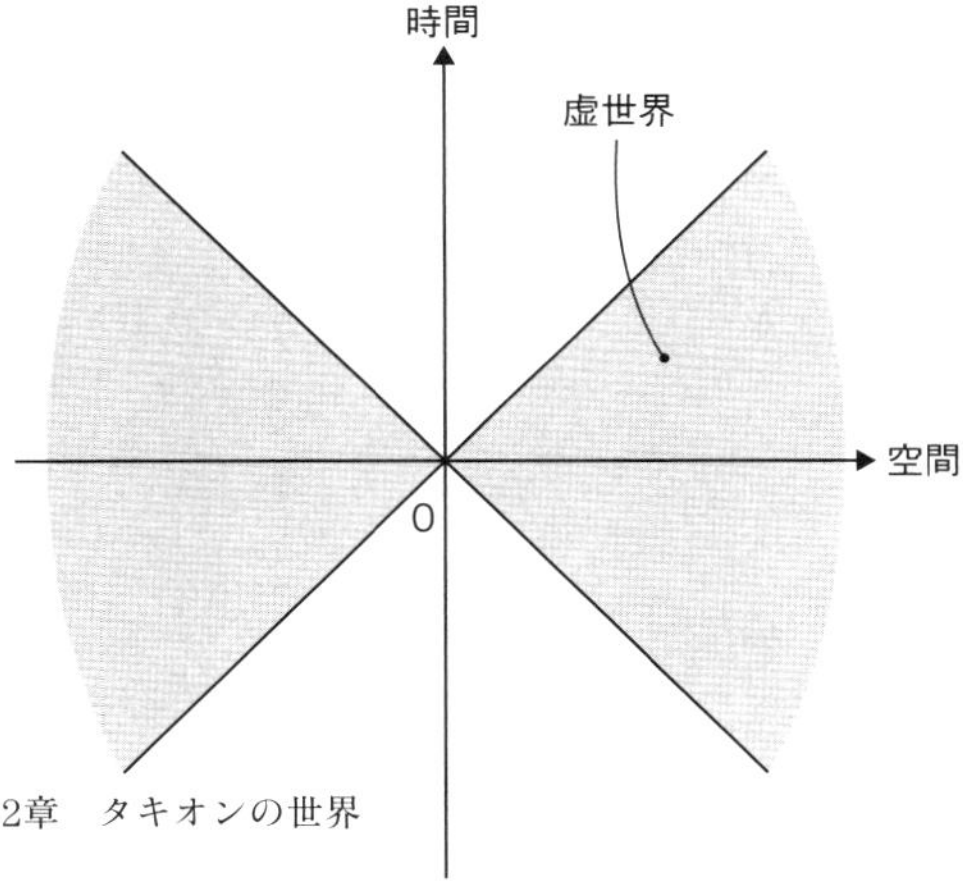

虚世界とは、今この瞬間に「私」と因果関係を持てない世界のことである。

視点を変えて考えてみよう。

ミンコフスキー空間の原点は、今この瞬間の「私」である。

第1章ですでに見たことだが、現実世界の私は「今この瞬間」という時間に留まることはできない。我々は空間的には一点に留まることができるが、時間的には「一瞬」に留まることができない。

（奇妙なことではあるが）時間はつねに流れている。

具体的な例で考えてみよう。

10キロメートル先の花火はいつ見えるか

たとえば、今「私」は見晴らしのよい丘の上のベンチに腰掛けて、10キロメートル離れた場所で打ち上げられている花火を見物しているとしよう。

「私」と「花火」の空間的な位置は変化しないとする。もちろん、「私」も「花火」も地球上にあり、地球は自転しながら太陽の周りを公転し、太陽もまた天の川銀河を周回

図 2-2　私と花火の時間・空間関係

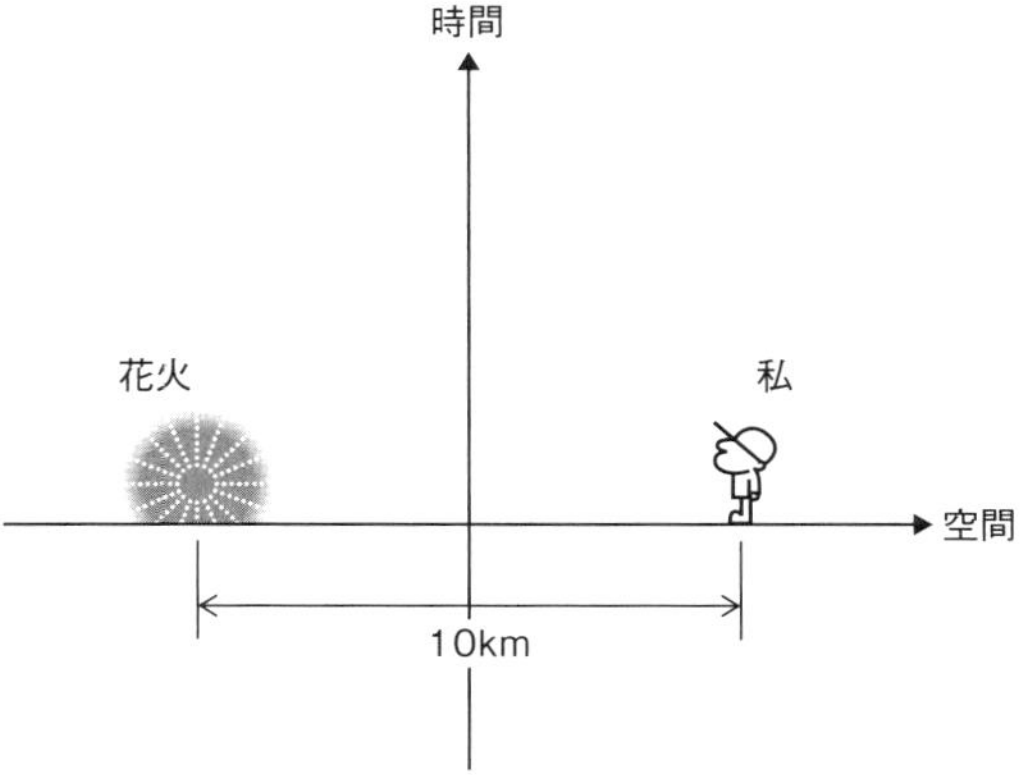

し……、というように宇宙の中を動いているわけだが、宇宙には絶対的な位置というものは存在しないから、「私」も「花火」も空間的に静止しているものと見なしてよい（花火はふつう地上から打ち上げられるが、今は花火が空中に上がって、まさに光るその瞬間の位置を考える）。厳密に言えば、「私」も「花火」も地球の重力場のもとにあるが、ここではどちらも慣性系にいるものとしよう。

この状況をグラフに描くと、**図2-2**のようになる。

このグラフでは、今現在の「私」の時間的な位置と、まさに光る瞬間の「花火」の時間的な位置を同じ$t=0$に置いているが、これは絶対的に同じ瞬間という意味ではない。まさに光る瞬間の「花火」と今現在の「私」の時間の前後関係は、それを見る慣性系によって異なってくる。

しかし、いずれにしても「花火」が光った瞬間を、今現在の「私」が見ることはできない。光った瞬間の花火と今現在の「私」を結ぶ世界線の長さは純粋な虚数で、虚数の距離をつなぐ「通信手段」がないからである。

しかし、「私」はつねに時間軸を正方向に動いていることに着目しよう。すでに述べたように、これは本当に不思議なことで、この謎こそが本書の主題と言ってもよいのだが、それはさておき、0・00003秒後には「私」は時間軸を0・00003秒だけ進んだ点O'にいる。そして、このときちょうど光った瞬間の「花火」が、この瞬間の「私」の座標系で見た虚世界と実世界の縁《ふち》に現れてくる。

「私」が花火を見るのは、まさにこの瞬間である（図2-3）。

「花火」だけではなく、「私」から過去の方向に45度で延びている円錐面は、まさに今の「私」がこの目で見ている光景である。

過去の光景はすべてこの円錐面に沿ってやってくる。

「私」が見ている光景はすべて過去の姿であるというのは、そういう意味で本当である。

図 2-3　0.00003 秒後の私と花火の関係

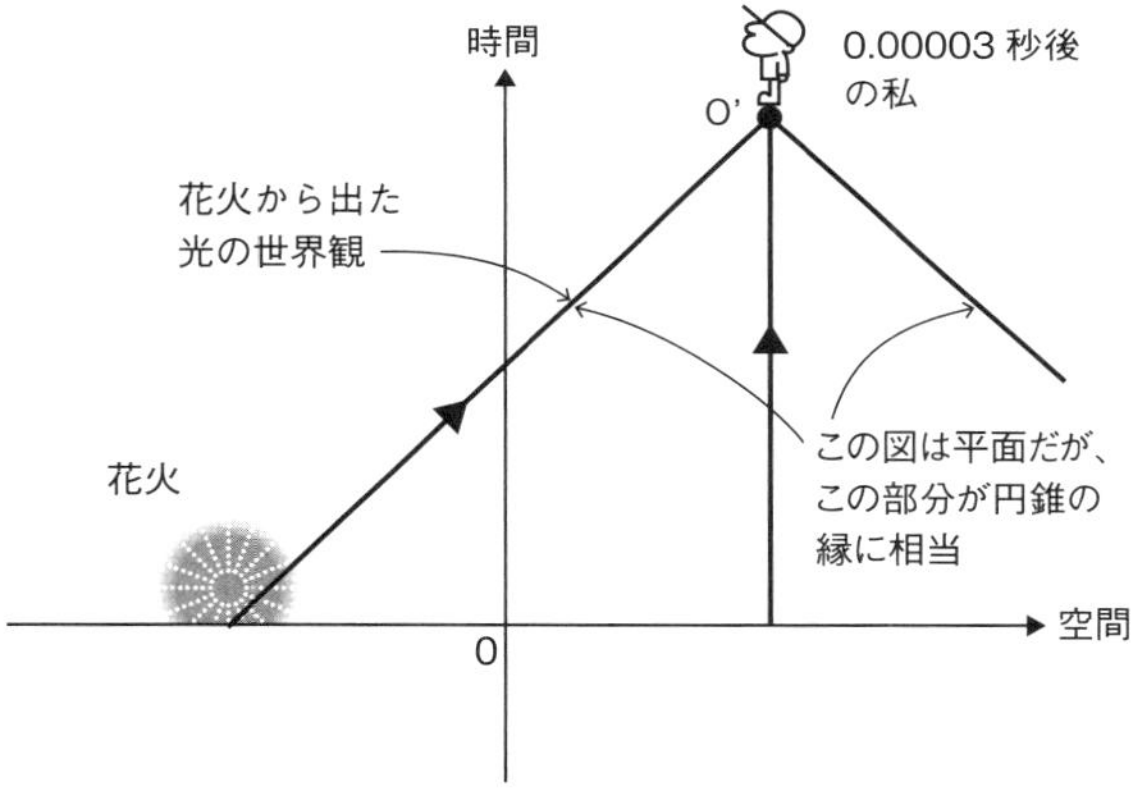

過去へ開いている45度の円錐は、遠方の事象ほど過去の姿であることを示している。

しかし、観点を変えると、この円錐上のすべての点は、「私」と距離0で結び付いていることが分かる。

たとえば、今の「私」が見る250万光年彼方のアンドロメダ銀河の姿は、確かに、私の時間座標では250万年昔の姿であるが、アンドロメダ銀河と「私」を結ぶ世界線の長さは0である。つまり、今の「私」と250万年昔のアンドロメダ銀河は、距離0で結び付いている。

このようにして、さまざまな観点から二つの事象の関係を見ると、空間的距離だけでなく時間的距離もまたまったく相対的なものであることが分かる。

しかし、ある瞬間の「私」にとって、実世界と虚世界は決して越えることができない光速の壁で分断されていることも事実である。

ここで、もし光速で動けたとしたら、我々はどのような光景を見るかを考えてみよう。もっとも100パーセント光速になったら、我々の知っている時間と空間は消滅する。時間は止まり、空間は宇宙全体がペチャンコになってしまう。我々が生きる空間は3次元であるが、それが2次元平面になってしまう。相対論が正しければ、物体の速度が大きくなると、その物体の質量が大きくなるが、光速を体験している自分の質量が大きくなるのではない。光速を体験している自分はあくまで自分の座標系に乗ってモノを見るから、自分は静止していて周りのすべての物体が光速で動いて見える。そうすると、周りのすべての物体の質量は無限大になっている。

このような光景を想像するのはきわめて難しいので、仮に光速の99・999パーセントで動いたら周りはどう見えるかを計算してみる。

そうすると、まず時間は5万倍に伸びる。時間はほとんど止まっているように見えるが、飛んでいる我々の時計で約14時間経過すると、ようやく周りの時計の秒針が1秒を刻む。そして、動いていく方向の空間が5万分の1に縮む。たとえば、3辺が1メートルずつの

1立方メートルの水で満たされたタンクのそばを通過すると、そのタンクが厚さ0・02ミリの平たい板になってしまう。そして、そのタンクの水の重さは5万トンである……と、たぶんこのような光景を見ることになるであろう。もっとも、このような光景をゆっくり見物している暇はない。これら周囲の物体すべては、光速の99・999パーセントの速さで飛んでいるからである。

そして、このような猛スピードで動いているにもかかわらず、光には追いつけない。光は相変わらず我々に対して秒速30万キロメートルの速さで遠ざかるのである。

それゆえ、我々は決して光速の壁を越えることはできない。

「超光速」なら虚世界と因果関係を持てる

しかし、である。

今現在の「私」と虚世界を結ぶ因果関係は本当に存在しないのだろうか？

今現在の「私」と虚世界はなぜ因果関係を持てないのか。その根拠としてきたことは、「私」と虚世界の事象を結ぶ世界線の長さが虚数になるということであった。

しかし、この根拠は、あまり説得力がない。

確かに、実数は存在感があるが、虚数は得体の知れない数である。しかし、それだけで虚数の世界は因果関係が持てない世界と言い切れるであろうか。

じっさいに存在するか否かという観点から見れば、マイナスの数もまた怪しい存在である。マイナス1個のリンゴというものは、現実には存在しない。それにもかかわらず、我々はマイナスの数を自在に扱っている。その主たる理由は経済活動の指標としてマイナスの数が頻繁に使われているからであろう。

虚数だって同じことである。

日常生活で虚数を扱う場面がしばしば登場するようになれば、我々は虚数を「じっさいに存在する数」として認識できるようになるであろう。

数より実在感のある概念で実世界と虚世界の関係を見るなら、それはモノの動き、「**速度**」であろう。ミンコフスキー空間は時間と空間を座標軸としているから、ある事象の世界線の傾きはその事象の速さを表している。

世界線の傾きが時間軸側から空間軸側へ傾くほど、二つの事象を結ぶ「粒子」（と呼んでおく）の速度は大きくなる。そしてその傾きが45度になったとき、その粒子の速さは光速となる。当然、傾きが45度以上になれば、その粒子の速さは光速を超えることになる。そして、このときその事象は今現在の「私」に対して虚世界にいることになる。つまり、「私」と虚世界の間に何らかの因果関係を持つためには、光速より速い速度、すなわち**超光速**が実現できればよいことになる。

では、なぜ超光速が実現できないのであろうか。

それは、超光速で動く「粒子」の世界線の長さが虚数になるからである。世界線の長さは、その「粒子」の固有時間、つまりその「粒子」に時計を結び付けたとき、「私」から見たその「粒子」の時間経過を表す。だから、超光速で動く物体が体験する時間は虚数になってしまう。これはあり得ないことだから、超光速は実現しない。これがこれまで説明してきた因果関係が持てないということの理由であった。

しかし、虚数であろうが実数であろうが、ともかく物体をどんどん加速する技術さえあれば、その技術を駆使して、ともかく超光速を達成することはできるのではなかろうか。

そのように考えたくなるのも、もっともである。

しかし、相対論は、この論理にもノーを突き付ける。

相対論が正しいとすれば、物体の速度が速くなればなるほど、その物体の質量は増加するのである。

そのため、物体を速く動かすために注ぎ込んだエネルギーは、その物体の質量を増やすことに使われてしまう。

もう少し具体的に言えば、物体の速度が光速に近づくにつれて、その物体の質量は無限大に近づく。そして、もしその物体の速度が光速になれば、その物体の質量は無限大になってしまう。

質量を持つふつうの物体は、すべてこの呪縛から逃れることはできない。

では、なぜ光の質量は無限大ではないのか。

その理由は、光はモノではないからである。

光速はモノの動く速さではなく、この宇宙の壁なのである。

決して越えられない壁、光速

しかし、このような理屈にかかわらず、しっくりこないものがある。

質量1キログラムの物体を光速の99パーセントまで加速すると、その質量は50キログラムになる。

しかし、本当にこの物体は50キログラムの質量になったのであろうか？

答えは、否である。

この物体の立場に立てば、自分の質量はあくまで1キログラムである。なぜなら、この物体の立場から見れば、「自分」は静止しているのだから、質量が増えるはずがない。

この物体から見ると、周りの景色がすべて光速の99パーセントの速さで動いている。だから、周りのすべての物体の質量が通常の50倍になっている。

これが「相対性」という言葉の所以《ゆえん》である。

重力場がなく、加速や減速していない物体に乗った立場の座標系を、慣性系と呼ぶ。そして、相対論だけでなく物理学全般として、すべての慣性系は同等と見なされる。

どんなに速く動いていても、その速度が一定であるかぎり、その系は慣性系である。だから、静止している立場と光速の99パーセントで動いている立場は、まったく対等である。しかし、光速の99パーセントで動いている立場と光速の100パーセントで動いている立場は、まったく違う。これが光速の壁の意味である。

さて、こうして光速は決して越えられない壁であることが何となく分かるのだが、越えられないということと存在しないということはまったく意味が違う。

たとえば、平地に村Aがあって、その村外れには急峻《きゅうしゅん》な絶壁がそびえ立っているとし

図 2-4　村 A' へ抜けるトンネルはないのか

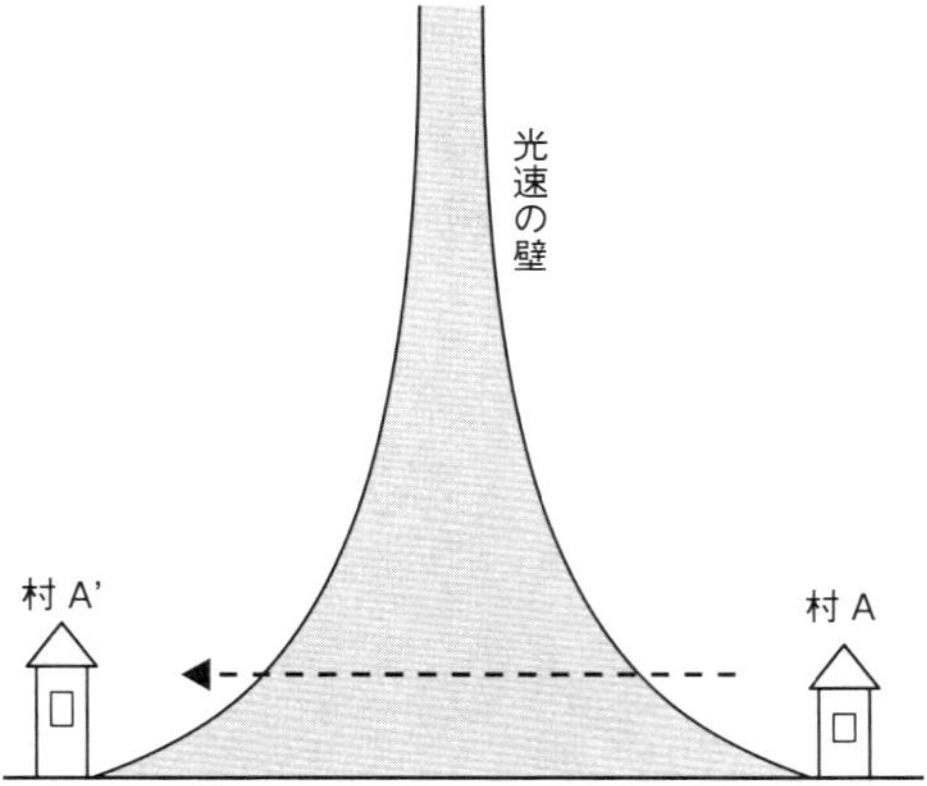

よう。この高い切り立った壁は誰も越えることができず、そのため壁の向こうには何が存在するのか、しないのか、誰にも分からない。しかし、だからといって壁の向こうには何も存在しないとは言えないであろう。ひょっとすると、村Aとよく似た村A'が存在して、村A'にも村人がいて、こちらのことを想像しているかもしれない。

光速の壁は、まさにそのような存在である（図2－4）。

そして、その絶壁は、単に高いだけではなく、無限に高いのである。この壁をまともに登ろうとすれば、失敗するのは誰の目から見ても明らかである。

さて、この無限に高い壁の向こうに存在するかもしれない村A'とは、どのようなものだろうか。

そこには、村Aとよく似た人々が住んでいて、村Aをまるで鏡に映したような同じ世界が存在しているのだろうか？

しかし、この非因果領域は、前にも述べたように、ある「瞬間」の「私」にとってだけの存在であって、別の「瞬間」の「私」には因果関係の持てるふつうの世界である。

つまり、なぜ光速の壁の向こうの世界を非因果領域と呼ぶのかといえば、今現在の「私」と非因果領域の事象を結ぶ世界線が存在しない、あるいは存在するとすれば、それが光速を超えた何かである、ということなのだ。

こうして、光速を超える、つまり光速より速い粒子——**タキオン**というものの存在が考えられるようになった[1]。

虚数の質量を持つ仮想粒子

SF愛好者の間ではタキオンという名の超光速粒子はお馴染みのものであるが、最初にタキオンという言葉が使われたのは1967年のことで、ジェラルド・ファインバーグ（1933〜92）という物理学者が純粋に物理学の論文として発表したものである。ファアインバーグはこの論文をジェイムズ・ブリッシュのSF小説「ビープ」※にヒントを得て書いたという。

※ジェイムズ・ブリッシュ（1921〜75）はアメリカのハードSF作家として著名である。ハードSFというのは、ファンタジーに対比されるSFの分野で、小説のアイデアに科学的な、あるいは疑似科学的な根拠を置くSFである。「ビープ」は1954年に発表された中編で、恒星間を結ぶ超光速通信に未来の情報が含まれているというアイデアを使った思弁的な小説である。現代の並みのSF作家なら、超光速粒子タキオンを題材にこのような小説を書きそうであるが、ブリッシュの凄いところは、タキオンという言葉すらない時代に、超光速の粒子を使えば未来が見えるというアイデアをひねり出したところにある。つまり、この小説のアイデアが元になって、タキオンという仮想粒子の存在が物理学の世界で議論されることになったのである。

タキオンは物理学上の仮想粒子であるが、その最初の発想からすでにSFと密接な関係を持っていたことになる。

このように、タキオンの研究は歴史があるので、もしタキオンが存在したらどのような特性を持たねばならないかについて、相当に研究されている。

そうしたタキオンの特性の中で必ず言及されるのが、タキオンは虚数の（固有）質量を持つというものである。

なぜそうなるかと言えば、相対論が正しいとすれば、これも前述したことだが、物体が速く運動すればするほど、その（見かけの）質量がどんどん増えるという「事実」である。そして、物体の速度が光速に達したときに質量が無限大になる。

これは数式で言うと、ある物体の速さ v が光速 c になったときに、その物体の見かけの質量を表す式の分母が0になる、というところから来ている。どんな数も0で割ると無限大になるからである。

それでは、この見かけの質量を表す式で、その物体の質量が光速 c より大きくなるとどうなるかというと、見かけの質量は虚数になってしまうのである。

我々が観測できる物理量はすべて実数なので（虚数を実測する方法を我々は知らない）、速度が光速 c より大きくなるような物質は実測不可、すなわち存在しないということになる。

しかし、この見かけの質量を表す式には、その物体の固有質量の項があり、この固有質量が虚数であるなら、虚数×虚数＝実数となって、観測可能かもしれない（とはいえ、虚数×虚数はマイナスの実数なので、タキオンの見かけの質量はマイナスということになってしまう）。

こんなわけで、たとえ光速より速く動くタキオンが存在するとしても、それは我々の世界の通常の物質とはまったく異なる物質ということになる。

要するに、光速の壁の向こうにも世界が存在するかもしれないが、それは我々の世界とはまったく異なる世界だということになる。

よって、常識的な世界観を持つ人なら、タキオンなんて存在するはずがない、という結論になるわけである。

しかし、である。

20世紀後半以降、物理学は信じられないような領域に入ってしまった。この世界の仕組みは常識はずれなのである。

アインシュタインが「神様がサイコロを振るはずはない」と断言したにもかかわらず、神様がサイコロを振っていることは、もはや疑う余地のない「科学的真理」になってしまった。

そのアインシュタインが残した一**般相対性理論**は、さまざまな可能性を秘めていて、現在から過去へ向かうタイムマシンの可能性さえ示唆されている。

　重力や慣性力が働いていない、つまり静止しているか等速直線運動をしている座標系を慣性系というが、特殊相対論は慣性系に乗った立場でのみ成立する。一方、重力が働いている場所や加速度運動しているものに乗った立場では、特殊相対論は成立せず、一般相対論が成立する。

　もちろん、一つひとつの事実は厳密な理論と実験の結果として積み上げられていくわけであるが、想像だけなら何でもできるわけである。

　そういう次第で、疑似科学的ハードSF愛好者がどんなとっぴな思考実験を企てても大目に見てもらえるのではなかろうか。

　否、むしろ常識的な議論ばかりしている方が、先鋭的な愛好者から糾弾されることになるであろう。

　ということで、本書ももっともらしい思考実験を組み立てながら、空想のかぎりを尽くそうというわけである。※

※ブリッシュの「ビープ」以後、超光速が議論され、その粒子がタキオンと呼ばれるようにな

ると、ＳＦ作品の題材としても空想豊かに活用されるようになる。中でも、グレゴリイ・ベンフォードの『タイムスケープ』（ハヤカワ文庫ＳＦ）は名作として名高い。

ベンフォードはアメリカの著名なハードＳＦ作家であり、物理学の研究者でもある。『タイムスケープ』は１９８０年に発表され、ネビュラ賞、英国ＳＦ協会賞などを受賞した彼の代表作で、舞台は１９９８年のイギリスと１９６２年のアメリカ・カリフォルニア、どちらも大学の研究現場。おそらくはベンフォード自身の実生活がモデルになっているような臨場感が漂っている。この年代設定は、ちょうど作品が発表された１９８０年を挟んで、18年過去と18年未来が描かれていて、20世紀末の研究者たちが、生態学的危機に瀕《ひん》した地球を救うべく、36年過去の地球へタキオンで通信を試みる物語である。[2]

タキオンはなぜ過去へ信号を送れるのか

過去との通信にタキオンを使うＳＦのアイデアは、今や陳腐なものとなってしまったが、ではなぜタキオンは過去へ信号を送れるのであろうか。

そこのところを、ミンコフスキー空間の時空図で簡単に説明しておこう。**図2-5**を見ていただきたい。

図 2-5　A氏から見ると、タキオンは過去へ飛んでいく

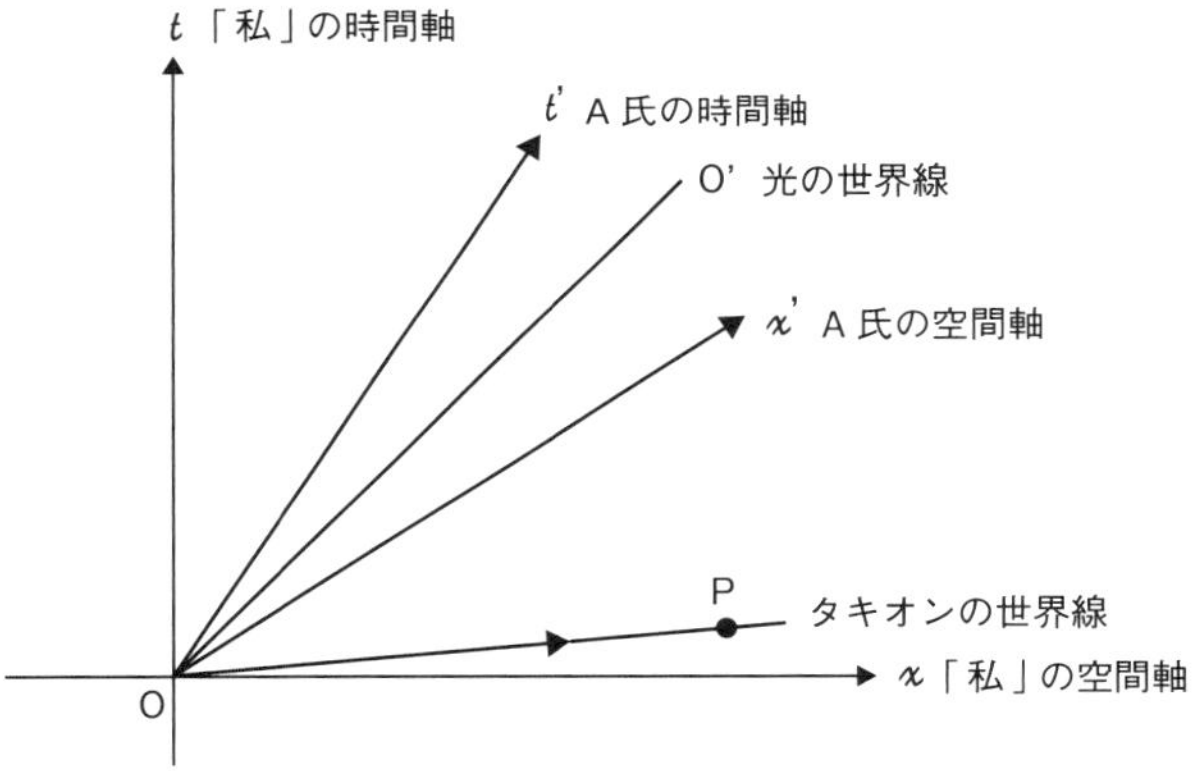

点Oが現在の「私」の位置で、xとtが静止している「私」の空間軸と時間軸である。またOO'はお馴染み光の世界線である。

今、「私」からタキオンを発射すると、直線OPのようになる。このタキオンの世界線OPは、光速より速いから当然、光の世界線OO'より下側になる。

それでも「私」の座標系で見ているかぎり、タキオンは未来へ向かって飛んでいる。

しかし、「私」に対してある速さ（もちろん光速以下）で動いているA氏の座標系$x't'$でこのタキオンを見るとどうであろう？

図のような場合、座標軸x'はA氏の時刻0の線であるから、それより下にあるタキオンの世界線OPはA氏から見ると過去へ向かって飛ん

図 2-6　因果関係が持てる事象、持てない事象

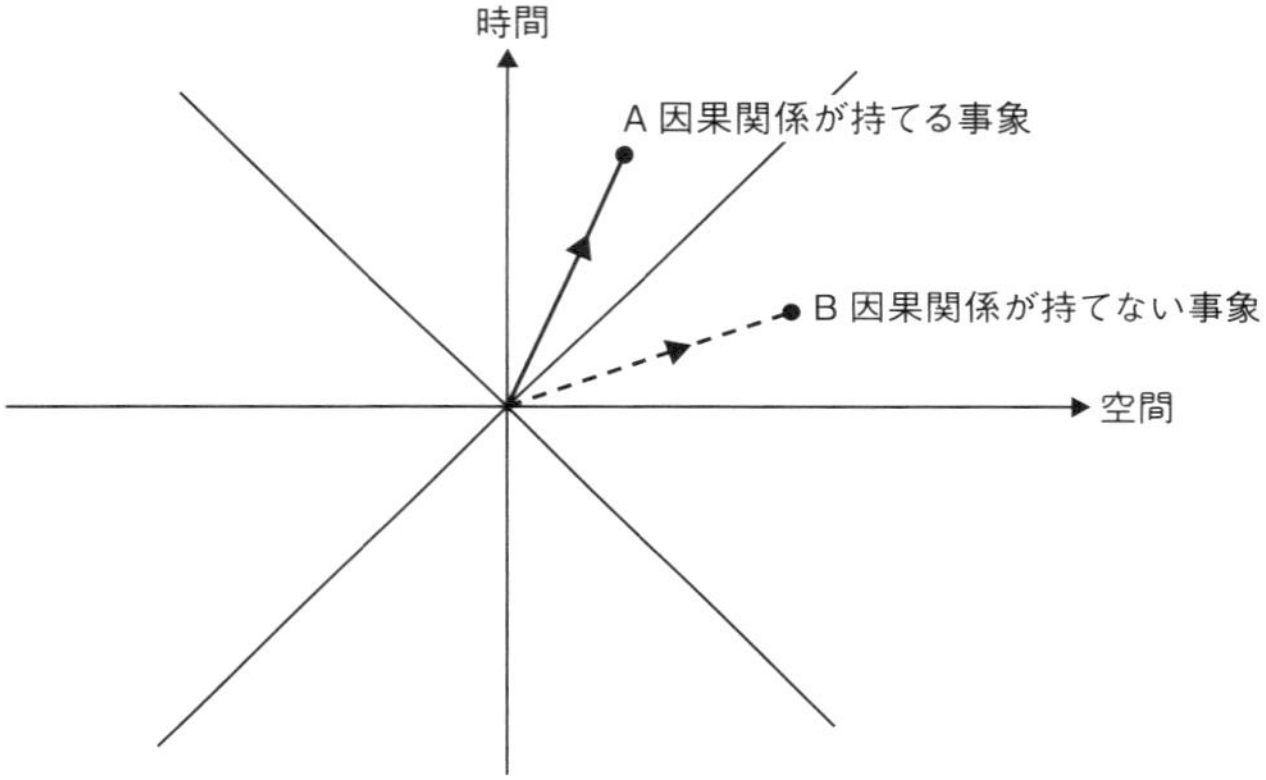

でいるように見えるであろう。

むろんOPがOx'より上（未来）になる場合もあるが、ほとんど無限に近い速度のタキオンを使えば、「私」がちょっと動くだけで、タキオンは過去へと飛んでいくことになる。

タキオンの固有時間は虚数

ところで、これまで我々の常識的世界に対して因果関係を持てない光速の壁の向こうの世界という言い方をしてきたが、よく考えてみれば問題の本質は、こちらの世界とあちらの世界の因果を結ぶ世界線を持つ存在がないということにある。

あらためて、図で描いてみよう（図2－6）。

原点にいる「私」に対して事象Aは因果関係

を持てる「こちら」の世界であるが、これは「私」が光速を超えない手段で事象Aに到達できることを意味している。それに対して、事象Bは因果関係の持てない世界であって、これは「私」が事象Bに到達するためには光速を超えなければならないことを意味する。そして、光速を超えるためには、質量が無限大になるという難関を越えなければならなかったのである。

しかし、少し発想を変えて、光速を超えて「向こう側」の世界へ行くのではなく、最初から光速を超えた存在としてタキオンがあったとするならば、質量＝無限大の壁はもはや問題ではなくなってしまう。質量が虚数という物質は想像するのが難しいが、しかし質量＝無限大という壁に比べれば容認できるであろう。

いずれにしても、事象Aや事象Bそのものが問題なのではなく、「私」と事象Aや事象Bを結ぶ世界線が問題なのである。

世界線の傾きが45度より大きければ、その世界線を辿るモノの速さは光速より小さく、45度より小さければ、その世界線を辿るモノの速さは光速より速い。

それゆえ、通常の物質かタキオンかの区別は、非因果領域の事象を持ち出すまでもなく、ミンコフスキー空間の世界線の傾きで区別すればよいのである。

さてここで、大きな発想の飛躍をしてみよう。

SF的思考実験である。

タキオンが我々の観測にかからないのは、その質量が虚数だからであった。

そして、なぜ質量を虚数にしなければならないかと言えば、相対論では光速を超えるモノの固有質量が虚数になるからであった。

それでは、相対論になぜ虚数が登場するのかと言えば、その根本は、時間と空間の座標軸が、一方が実数で一方が虚数になるからである。

本書では、時間軸を実数、空間軸を虚数として話を進めてきた。

しかし、多くの相対論のテキストを見ると、実数と虚数を逆にしたものがかなりある。じつは、時間軸と空間軸は、どちらが実数でどちらが虚数でも、相対論そのものに支障はないのである。

しかし、本書では、時間軸は実数という立場を貫いてきた。というのも、我々ふつうの物質が辿る世界線の距離は、実数である方が自然だからである。

タキオンという粒子は存在せず、この宇宙に存在するのは我々「通常の」物質だけであるとするなら、時間軸と空間軸のどちらが実数でどちらが虚数でなければならないのかの必然性はない。それは単なる理論の整合性を満たすだけのための便宜的な要請に過ぎないからである。

しかし、タキオンという超光速で動く粒子の存在を仮定するなら、この粒子が観測にかからないのは、タキオンの世界線の長さ、すなわちタキオンが持つ固有時間が虚数であることはよく納得できる。それに対比して、我々が経験する時間は実数である、ということも充分に納得できる。我々が体験する時間は（我々にとっては）実数なのである。

タキオンには世界がどう見えるか

さて、ここでもうひと飛躍してみよう。

タキオンの立場に立つと、世界はどのように見えるであろうか？

タキオンは自分たちの存在を虚数と見ているであろうか？

さらに一歩進めるならば、タキオンから見て、この世界の枠組みである時間と空間はどのように見えるであろうか？

相対論は時間と空間の物理学であるが、時間と空間の本質を捉えているのであろうか？

時間と空間は本質的に異なる存在である。

そして、相対論はそれを実数と虚数の違いとして扱う。

そのことによって、この世界を合理的に説明している。

しかし、相対論では、この宇宙の構造である時間と空間は、どちらが実数でどちらが虚数であるかを問わないのである。

これは非常に奇妙なことである。

我々、生身の人間は、この宇宙の枠組みとしての時間と空間の存在を認めるが、時間と空間はまったく異なる性質を持つ。

我々は空間を（光速を超えないという制限のもとにではあるが）、自由に動くことができる。それに対して、時間を自由に移動することはできない。我々は「今」という時間に拘束されている。

この謎の解明にヒントを与えてくれる物理学は、残念ながら今のところない。

もし、この宇宙の仕組みが、相対論の主張する通りであるなら、時間と空間は完全に対称的であるべきである。

それゆえ、我々人間が、時間と空間を異なる次元の枠組みと捉えているのなら、その原因は物理学ではない何か別の枠組みによるものと見なさねばならないであろう。

しかし、少し先走ってしまった。

ひるがえって、タキオンの立場に立ってみよう。

もし、タキオンという粒子が存在するならば、物理学的には「彼ら」は我々と同等の「感覚」を持つのではないだろうか。

タキオンは自分たちが実数の質量を持つ存在であり、実数の時間の流れを感じているのではないだろうか。

それはタキオンたちが辿る世界線が実数の値を持つ、すなわち実数の固有時間を体験しているということなのではないだろうか。

なぜ、そのような発想が可能かと言えば、この後にも述べるが、相対論的時空では、時間軸と空間軸は、どちらかが実数でどちらかが虚数であれば成立するのである。それゆえ、時間軸を虚数、空間軸を実数とすれば、タキオンの世界線の長さは実数になるからである。

もちろん、これは単なる空想である。

しかし、この宇宙が完全に対称的であるならば、ミンコフスキー空間の半分にだけ粒子が存在し、半分は空虚であるというのはむしろ不自然である。光速 c の壁の片側だけでなく、両側に豊穣《ほうじょう》なる物質的世界が存在すると考える方が合理的ではなかろうか。

もし、タキオンたちが我々と同じ時空環境にあるとするならば、彼らにとって時間と空間はどのように存在しているのであろうか?

答えは明快であるように思える。

我々、光速を超えることができない物質と、決して光速以下の速度になれないタキオンたちが、同等の物理環境を得る条件は、この世界の枠組みである時間と空間を逆転させることであろう。

すなわち、我々にとって非因果領域に属する空間という虚数軸が、彼らにとっては実数の時間軸となるのである。

そして、我々通常物質が必然的に辿っている時間軸が、彼らにとっては虚数である空間軸となる。

つまり、明快であるように思えるタキオン種族たちは、我々通常物質の時間と空間が入れ替わった世界に住んでいるのである。

図 2-7　無限に速いタキオンに乗ると、時間は止まって見える

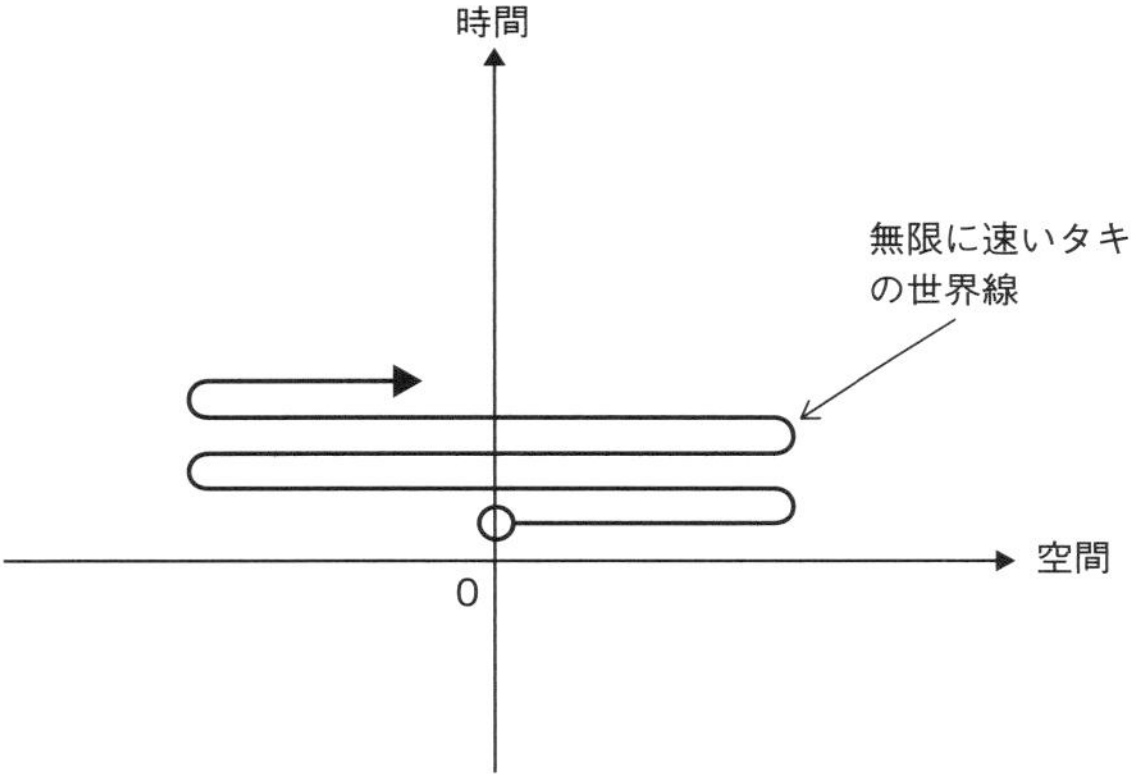

タキオンに関連して、あと一、二、補足しておこう。

まず、これはまったくSFの遊びと言ってもよいが、ほとんど無限大の速度を持つタキオン粒子に乗って往復運動をすると、世界は止まって見えるというお話である。

もし、我々がこのような往復運動するタキオンに乗ってみると、その世界線は図2-7のようになる。

無限に速いタキオンの世界線の傾きは、我々の時空の空間軸と平行になるから、我々の時空の時間軸方向へは決して動かない。つまり、このタキオンから見ると、我々の世界の時間は止まっていることになる。「時間よ、止まれ！」と叫ぶまじないは、「タキオンに乗せろ！」と

いう叫びと同義である。

と、これはほとんどマンガであるが、もう一つ、少し真面目な話をしておこう。

反粒子は未来からやってくる

タキオン粒子が超光速であることによって、未来を見ることができるという議論が多いのであるが、じつは未来を見ることと超光速とは直接は関係がないのである。

素粒子に興味がおありの方なら、**反粒子**というものをご存じであろう。

この宇宙に存在するすべての素粒子には、その反粒子が存在する。電子の反粒子はプラスの電荷を持つ**陽電子**であり、陽子の反粒子はマイナスの電荷を持つ**反陽子**である。じつは光も反粒子を持つのだが、光の反粒子は同じ光である、というのが物理学の理論である。

ところで、この反粒子とはいったい何なのか。電子と陽電子では何が違うのか。

ふつうに解釈すると、陽電子は電子と電荷が逆で、その他はまったく電子と同じ素粒子ということになる。

ここで面白い解釈として、陽電子とは、時間を未来から過去へと動く電子である、というものがある。このように解釈して不具合は何もないのである。

図 2-8　陽電子は未来から過去へ進む電子

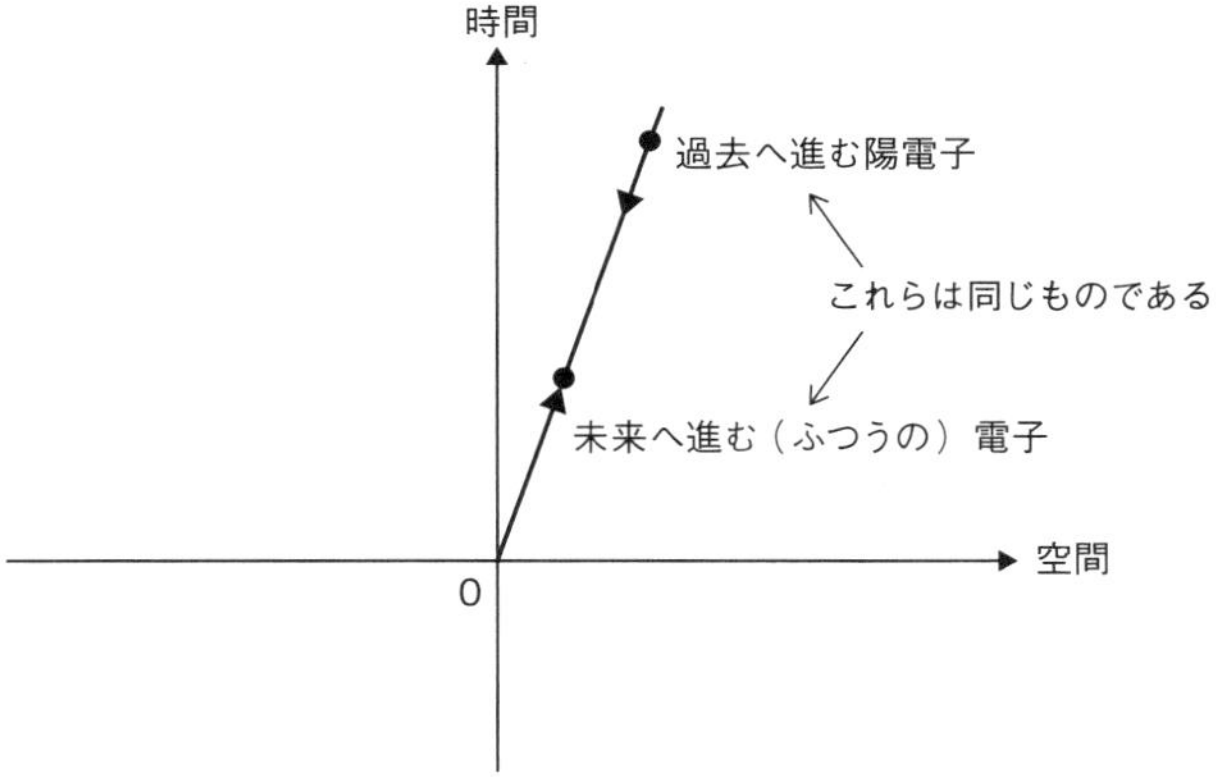

たとえば、図2－8のような陽電子の世界線を考える。

陽電子も物質であるから、光速を超えることはできない。つまり、陽電子の世界線の傾きは光の世界線より時間軸側にある。ふつうの電子が飛んでいるのとまったく同じである。

しかし、この陽電子の世界線を、時間を逆行する電子の世界線と見なすのである。

陽電子が未来から過去へと動く電子だとすれば、陽電子に向かって未来の様子を尋ねてみたいものだが、それはできない。なぜなら、我々は時間の流れを過去から未来へとしか動けないからである。陽電子が未来から過去へ動く電子だとしても、我々はその電子に向かって「未来はどんな様子ですか」と尋ねることはできないのである。

このことから分かるように、時間を過去から未来へ進むか、未来から過去へ進むかは、物質であるか、タキオンであるか、とは無関係なのである。

タキオンに飛び乗っても、過去への旅はできない相談である、ということである。

このことは、時間の流れがどのように創られているかということに関わることなので、また章をあらためて考えることにしよう。


本章を終えるにあたって、もう一度、確認しておこう。

相対論は時間と空間の物理学であり、時間と空間の違いは、一方が実数、他方が虚数であるミンコフスキー空間の性質によるものである。しかも、時間と空間のどちらが実数であり、どちらが虚数であるかは問われない。

とすれば、我々人間が一方の軸を実数、すなわち時間と認識しているのならば、虚数の質量を持つタキオン種族は我々が虚数と見なす空間軸を実数と見なしているのではないか。すなわち、彼らにとっては我々の空間軸が時間軸となり、我々の時間軸が空間軸となっているのではなかろうか。

こうしてこの宇宙は、二つの物質群、すなわち通常物質とタキオン種族の二つによって占められており、それら二つの種族は互いに接点を持たない光速の壁によって隔てられている。そう考えることには無理があるだろうか。

それでは、光速の壁の両側にある時間軸と空間軸は、物理学的には対称的であるべきなのに、じっさいはなぜ非対称なのか。すなわち、時間と空間はなぜかくも違うのか。その考察に入っていきたいのであるが、その前にもう一つ光速の壁について言及しておこう。それは秒速30万キロメートルという光速は、本当に「定数」なのかという問題である。

じつは、光速は一定ではない。

光速は、0になるときもあれば、無限大になるときもある。

状況次第で光速はいかようにも変化する。

次章では、加速系や重力場のもとでは光速はいかようにも変化するというお話をすることにする。

その典型的な例として、いわゆるウラシマ効果、宇宙旅行をしてきた人は歳を取らないという謎を、光速が変化するという事実に基づいて解説してみたい。

第3章　ウラシマ効果の謎を解く

時間の共有という幻想

日本人なら誰でも知っている『浦島太郎』のお伽噺《とぎばなし》は、相対論が登場するよりもずっと昔から、人間が時間の流れというものに異常なほどの関心を抱き、またその奇妙な性質に畏怖《いふ》の念を覚えていた証拠であろう。

相対論による時間の遅れで、宇宙旅行をしてきた人が地球に戻ってみると、はるか未来に辿り着いてしまうという現象は（もちろん、このことをじっさいに体験した人間はまだいないのだが）、いつの頃からかSF作家やSFファンたちの間で**ウラシマ効果**※と呼ばれるようになった。じつにうまいネーミングである。

※この現象は「**双子のパラドックス**」と呼ばれることもある。双子の兄が宇宙旅行をして地球に戻ったときに、二人は同い年であるはずなのに、地球に残っていた弟の方がはるかに歳を取っているという現象である。これがパラドックスと呼ばれるのは、単に二人の年齢が違ってしまっているということだけでなく、宇宙旅行をしている兄から見れば、動いているのは弟の方だから、弟の時間が遅く進むはずなのに、なぜ弟の方が歳を取ってしまっているのか、という謎である。

本章では、この謎を一般相対論の考え方で説明してみたい。ウラシマ効果と呼ぶにしろ、双子のパラドックスと呼ぶにしろ、このような現象はSFファンたちの間ではもはや陳腐なアイデアになってしまったので、『浦島太郎』以上に面白いSF作品はなかなか見当たらない。

筆者の少ない読書経験の中から、印象に残っている作品を一つ挙げるとするなら、アーシュラ・K・ル・グィンの「セムリの首飾り」という初期の小品がある。若き王に嫁いだセムリという可愛い少女が、かつて自分の家の宝であったがいつの頃か盗まれた「紫色の首飾り」を取り戻しに旅するファンタジーである。亀ならぬ風馬という空を飛ぶ馬に乗って旅し、ついに目的の首飾りを取り戻して国に帰って来るのだが、わずか数日の旅であったのに国では何十年もが経過していて、愛する王はすでに亡き人になっていたという悲しい物語である。[1]ル・グィンが『浦島太郎』の話を知っていたかどうかは分からないが、よく似た話である。

人間はなぜ互いの時間を共有しているのか。あるいは、共有していないのではないか。そもそも、誰もが同じ時間を共有しているという考え方は、ニュートンの物理学以降、近代科学が成立する過程で確立されてきたものではなかろうか。天体の運行が物理学によって正確に記述されるようになると、人間の存在とは独立した「絶対時間」というものが真実味を帯びてくる。自分自身が感じている時間とは別の「客観的な」時間というものがあって、それは正確に等間隔に刻まれた定規のようなもので、その定規の上を我々は一定の速度で動いている。この時の流れは一様で、自分にとっての今現在は、誰にとっても今現在であり、今という瞬間は宇宙の果てにいる宇宙人にとっての今でもある。そして、この宇宙の時間の原点は138億年前のビッグバンの瞬間であり、それゆえ宇宙の現在の年齢は138億歳である。そうした基準が、筆者が提示する絶対時間だ。

しかし、相対論は「万人に共通の時間などない」と主張する。時間と空間は相対的なものであり、ある観測者Aに対して相対的に動いている観測者Bの時計は遅れるが、このとき動いている観測者Bの方から見れば、静止しているのは自分で、動いているのは観測者Aである。よって、観測者Bから見た観測者Aの時計は遅れている。

とすれば、もし観測者Aと観測者Bがどこかで出会って互いに相手の時計を確認したとき、何が起こるのだろうか？

この問題は、じつは特殊相対論によって説明することができない。

互いに相手の時計を手に取って時間の経過を確認し合うためには、両者が同じ座標系に乗っていなければならないが、これは観測者Aと観測者Bの少なくともどちらかが相手の座標系に乗り移るために速度を変えなければならないことを意味する。

特殊相対論でウラシマ効果を考える

速度を変える＝加速する（あるいは減速する）、であるから、観測者Aあるいは観測者Bが相手の慣性系に移るためには、慣性系という特殊相対論の枠組みを出ないといけないのである。

宇宙旅行をして地球に戻ってくると、わずか数年の旅行だったのに地球では何百年も過ぎ去っていた、というまさに浦島太郎さながらになってしまう状態を、特殊相対論で考えてみよう。

第1章、第2章でお馴染みになったミンコフスキー空間のグラフで説明してみる（図3－1）。

原点0は現在の地球で、A氏は今、亜光速の宇宙船で地球を出発する。一方、B氏はずっと地球に留まるとする。

図の時間軸（縦軸）に沿った世界線B，B'，B"は地球にいるB氏が体験する時間である。

それに対して、世界線AA'は光速の99パーセントの速さで宇宙旅行へ出発したA氏が、99

**図 3-1　宇宙旅行するＡ氏（A→A'→A"）と
地球に留まるＢ氏（B→B'→B"）の世界線**

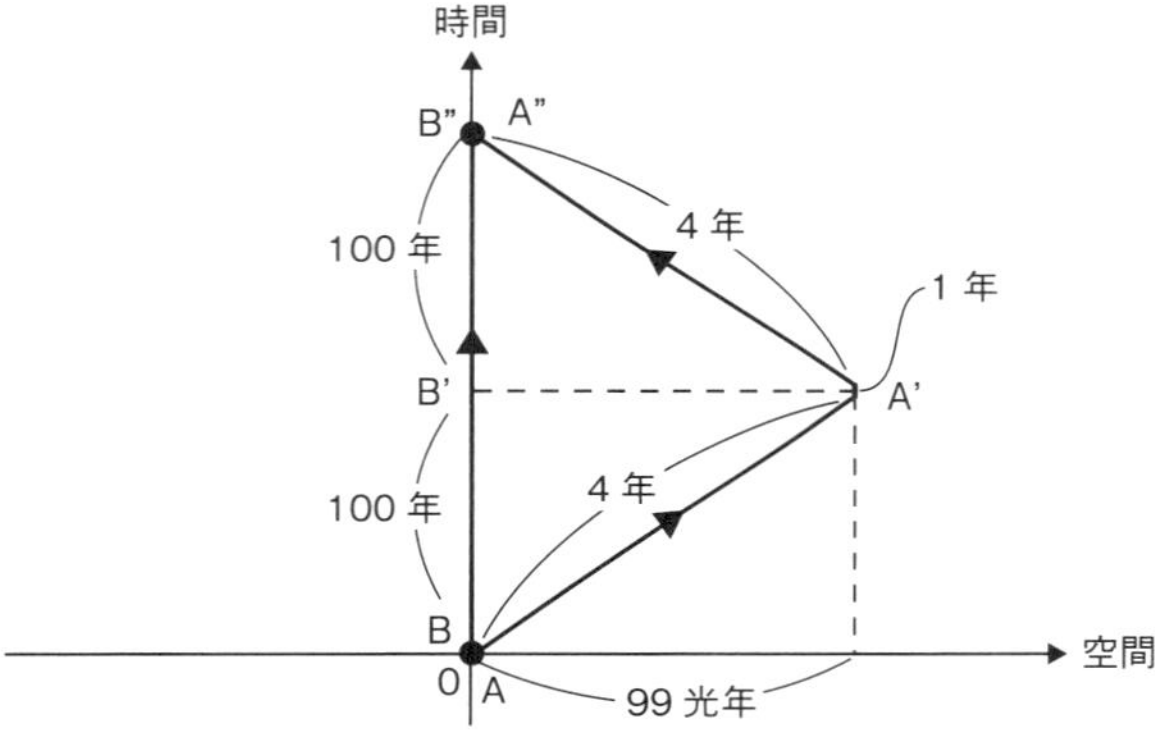

光年先の恒星系まで到達するときに体験する時間である（ここで光速の99％とか99光年という数値は、なるべく計算しやすいようにした値で、理屈のうえからはどんな数値でもよい）。

Ａ氏はふたたび地球に戻らないといけないから、恒星系での滞在時間はせいぜい1年程度として、すぐに、やはり光速の99パーセントの速さで地球に戻るとする。

このときの恒星系から地球への帰還の世界線が図のA'A"である。

地球に留まっているＢ氏から見た宇宙船に乗ったＡ氏の時計の経過時間は、図の世界線の長さを測ればよい。ふつうにピタゴラスの定理を使って直角三角形の辺の長さを求めればよいのだが、縦軸（時間軸）は実数であるのに対して、横軸（空間軸）は虚数としなければならない。結果、図のAA'の世界線の長さは約4年となる。

つまり、地球から見ていると、A氏は99光年先の恒星系にわずか4年で到着することになる。そしてこの長さに対するB氏の時間経過であるBB'の長さ（時間経過）はおよそ100年である。B氏の立場に立てば、A氏は光速の99パーセントの速さで99光年先の恒星系に向かったのだから、その旅行に要する時間はおよそ100年のはずである。

100年を要する旅をA氏はわずか4年で終えたのだから、これこそが相対論の効果というほかない。そしてこれは見かけの話ではなく、じっさいにやってみるとこうなるのだ。

本当に起こるウラシマ効果

しかし、A氏が本当にそんな宇宙旅行を体験したのかどうかを確認するためには、A氏は地球に戻ってこなければならない。そこで、恒星系で1年ほど滞在した後（すぐに帰還してもよいのだが、せっかく目的地に到着したのだから、1年くらいは過ごしてみようというわけだ）、A氏はふたたび光速の99パーセントの速さの宇宙船に乗って地球へ向けて帰還するとする。このときのA氏の世界線が図のA'A"である。

この帰還の旅でA氏が体験する時間はやはり約4年であり、また地球のB氏が体験する時間は約100年であるから、結局A氏が宇宙に滞在した約9年の間に地球では約200年が経過しているということになる。ずっと地球にいたB氏は冷凍睡眠《コールド・スリープ》でもしていないかぎり、もうこの世にはいないはずであろう。

まさにウラシマ効果そのものである。

しかし、本当にこんなことが起こるのであろうか?

結論を言えば、誰も体験したことはないが、このようなウラシマ効果はじっさいに起こる。

ただ、以上の説明には不完全なところがあり、説明として正しいとは言えないのである。

宇宙船に乗ったA氏の立場で考える

それを示すために、今度は宇宙旅行するA氏の立場に立ったミンコフスキー空間の図を描いてみよう(図3-2)。

宇宙船に乗ったA氏から見ると、たとえ光速の99パーセントの速さで飛んでいようと、A氏は宇宙船の中で静止しているのであり、光速の99パーセントで動いているのは地球で

図 3-2　A 氏から見るとB 氏（のいる地球）が 99 光年の距離を往復しているように見える

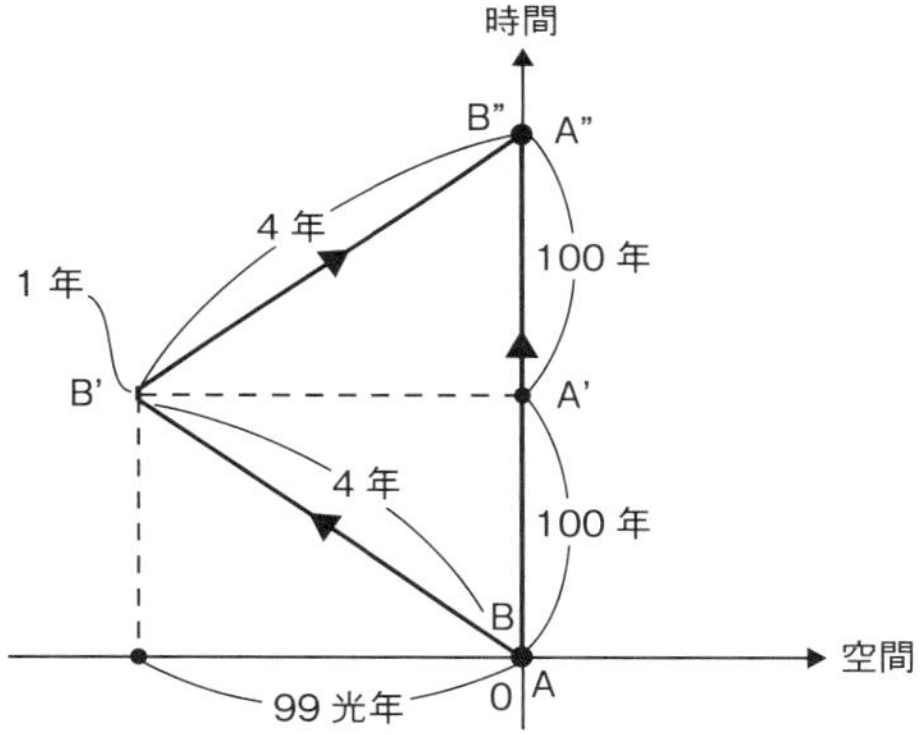

ある。

そこで、今度はA氏の世界線が、図のAA'A"、つまり縦軸（時間軸）に一致し、B氏のいる地球の世界線が図のBB'B"となる。

地球のB氏はさっきとは反対の方向へ光速の99パーセントの速さで遠ざかり、99光年先まで行って、約1年は静止し、その後、反対方向、すなわちA氏の乗る宇宙船の方向へ光速の99パーセントの速さで戻ってくるとする。図の世界線BB'B"がB氏が体験する時間である。

これは何のことはない、運動の方向が東か西の違いだけであって、まさに相対性、A氏から見たB氏の経過時間は合計9年であり、その間にA氏の宇宙船では200年が経過しているのである。

A氏とB氏の立場は、まったく相対的である。

しかし、これでは逆（?）ウラシマ効果が起こっていることになって、相対論というのは単に見かけの現象でしかないのかということになってしまう。

それでは、本当に起こることは何なのか。

この種明かしに入っていくことにしよう。

加速・減速中は特殊相対論が成立しない

問題は、A氏が宇宙船に乗って地球を発《た》つ瞬間と、99光年彼方の恒星系に到着する瞬間、そしてまた地球へ向けて恒星系を発つ瞬間と、最後に地球に帰還する瞬間にある。

瞬間と書いたが、それは一瞬のことではない。

現実問題として、地球の発射台に乗っている宇宙船が、ある瞬間に突然光速の99パーセントの速さになるはずはない。

発射台を離れた宇宙船は、エンジンを噴射しながら少しずつ速くなっていくはずである。このときの加速度をどれくらいにするかによって、宇宙船が光速の99パーセントになるまでにかかる時間はもちろん変化するが、宇宙船（に乗っているA氏）の世界線は、**図3-3**

図 3-3　A 氏の世界線は部分的に曲線になる

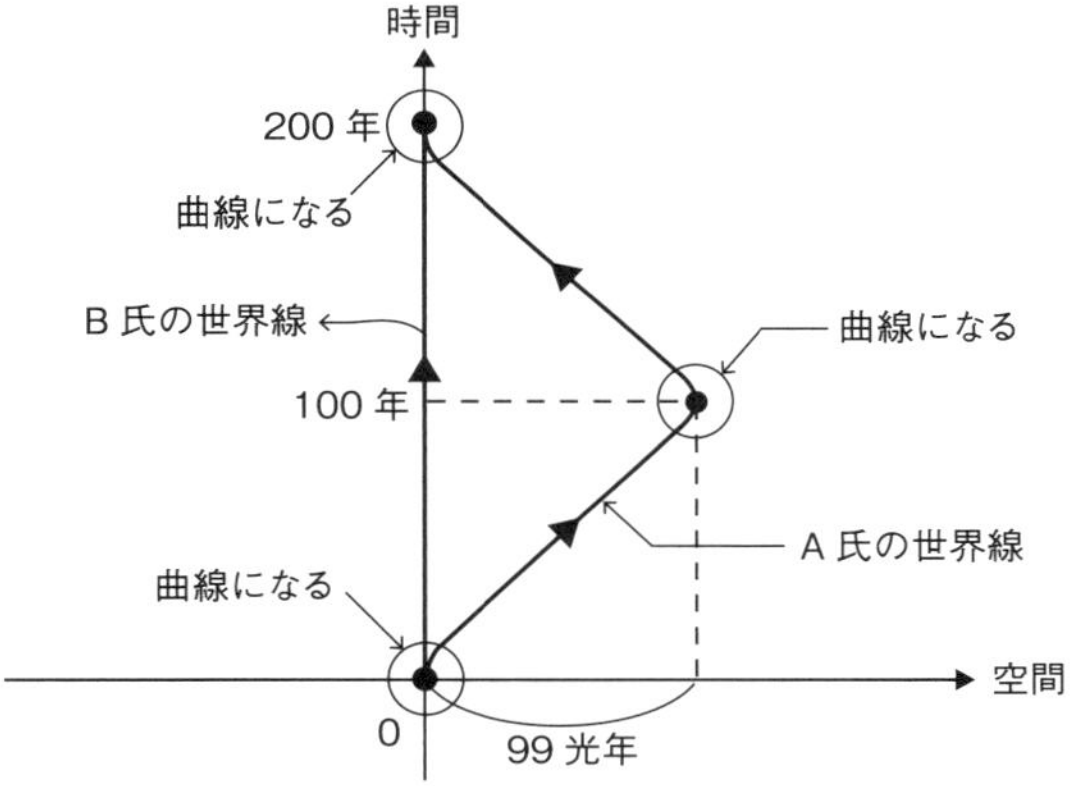

のようになるであろう。

縦軸（時間軸）に沿った動きは、時間は経過するが位置は変わらない、つまり静止している状態を表し、縦軸から少し傾けばゆっくりした速度で動き、もう少し傾けば少し速い速度になるということであるから、宇宙船（に乗っているA氏）の世界線はだんだんと傾きを増して、光の世界線である45度の傾きに次第に近づいていくであろう。

要するに、宇宙船（に乗っているA氏）の世界線は、縦にまっすぐな線から次第に光の世界線に近づいていくということになる。

同様にして、宇宙船（に乗っているA氏）の世界線は99光年先の恒星系に近づき、そこで逆噴射して減速し、やがて静止。そして、ふたたび恒星系を離れるときの世界線は、また曲線を描きながら反対向きの光速に近づいていく。

このように、宇宙船（に乗っているA氏）の世界線は、地球や恒星系からの出発や到着のときに、直線ではなく曲線になるということである。

これは物理系で言えば、加速や減速をしている状態で、慣性系ではない。そして慣性系ではない座標系での時間や空間の変化は、もはや特殊相対論では計算できず、一般相対論を適用しなければならないのである。

一方の地球（にいるB氏）の世界線は（地球が等速運動しているという仮定のもとではあるが）、曲線にはならず、つねに直線である。すなわち、B氏の時間と空間については、特殊相対論で説明できるということになる。

以上のことから、A氏とB氏の運動は相対的なのではなく、B氏はつねに慣性系にいるのに対して、A氏は部分的にではあるが、非慣性系にいる状態が4回生じることになる。

それでは宇宙船に乗ったA氏が加速や減速している間に、いったいどのようなことが起こっているのか。

その肝心のところの説明に入っていこう。

図3-4　点Pから発せられた光は、A氏の世界線と決して交わらない

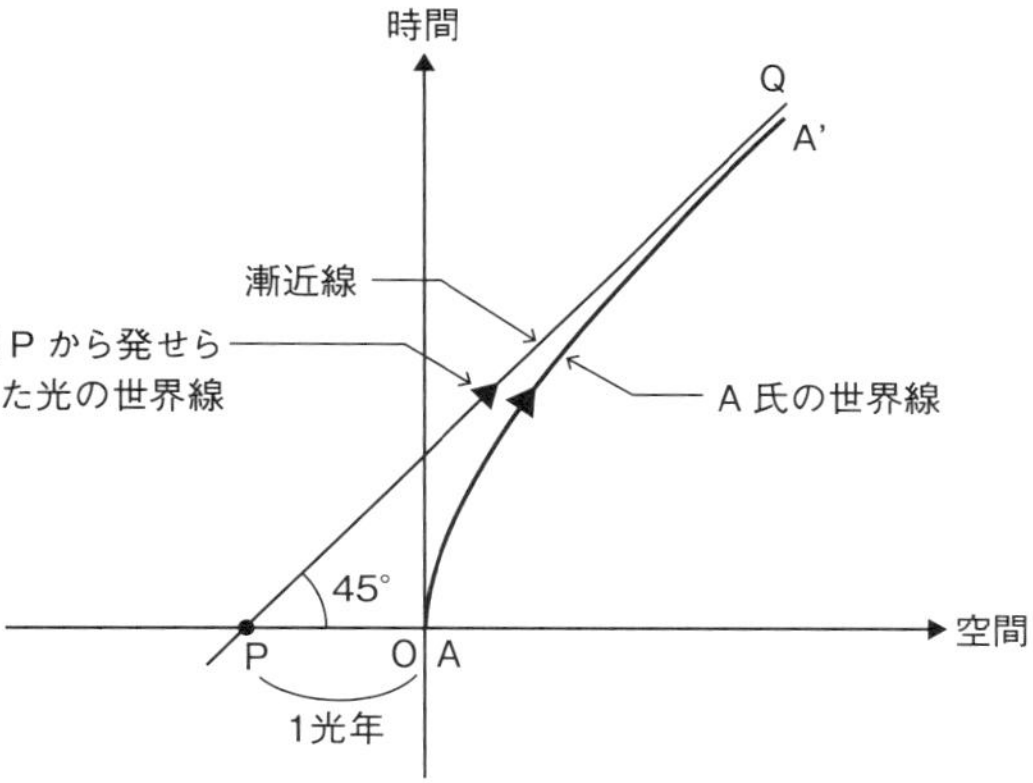

加速・減速中の世界線には、傾き45度の漸近線が引ける

静止している状態から次第に加速していくときの世界線は、今見た通り縦軸（時間軸）から次第に傾いていく。加速が続くかぎりこの傾きはどんどん大きくなるが、決して45度以上になることはない。これは第2章でも見た通り、世界線の傾きが45度になったとき、その物体の速度は光速になるからである。

ここでもう一度、A氏の乗った宇宙船が原点Oから加速しながら光速に近づいていく世界線を見てみよう（図3-4）。

このとき、すでに述べたことであるが、世界線AA'の傾きは0度から徐々に45度に近づいていくが、決して45度になることはない。そうす

ると、この世界線AA'には、図のような傾き45度の漸近線《ぜんきんせん》を引くことができるであろう（漸近線とは、ある曲線に対してかぎりなく近づいていくが、決して接したり交わったりしない直線のことである）。

今、この漸近線を左下の方へずっと延ばしていくと、横軸（空間軸）と交わる点がある。図の点Pである。この点Pは原点O（A氏の乗る宇宙船が出発する場所）から左側（つまり宇宙船が飛んでいくのとは逆方向）へ距離OPだけ離れた場所である。

OPの長さは宇宙船がどんな加速度で飛行するかで変わってくるが、たとえば1光年であるとしよう（1光年は、光が秒速30万キロメートルで飛んで1年かかる距離だから、およそ10兆キロメートルである）。

具体的に何光年であるかが問題なのではなく、このような点が存在するということが重要である。

そうすると、宇宙船の世界線の漸近線となる図の直線PQは、時刻0で点Pから発せられた光の世界線であることが分かるであろう。

そして、この漸近線PQは当然、宇宙船の世界線と交わることは決してない。

決して届かない光

これは、加速度運動を続ける宇宙船の立場からすると、点Pから発せられた光は、「決して宇宙船に届かない」ということを意味している。

言い換えれば、宇宙船に乗ったA氏は、地球より後方1光年の地点にあるものを決して見ることはできないということである。

仮に、時刻0である場所Oからすさまじい加速度で東方向へ出発した人＝Z氏がいるとして、このときZ氏（の世界線）の漸近線が空間軸と交わる点が、場所Oから西方向に10キロメートル離れた地点Pだったとしよう。そうすると、この加速が続くかぎり、Z氏は時刻0に地点Pで開花した花火を永久に見ることはできない（図3－5）。

それだけではない。

地点Pより左側にある事象、すなわちZ氏から見てこの西方向10キロメートルの地点より西にあるすべてのものを、Z氏は永久に見ることができない。

つまり、Z氏にとって図の斜線を引いた部分は、あの光速の壁の向こうの世界と同じ非因果領域となってしまうのである。

もちろん、Z氏が加速をやめれば事態は一変する。

図 3-5　加速度運動するZ氏には非因果領域が出現する

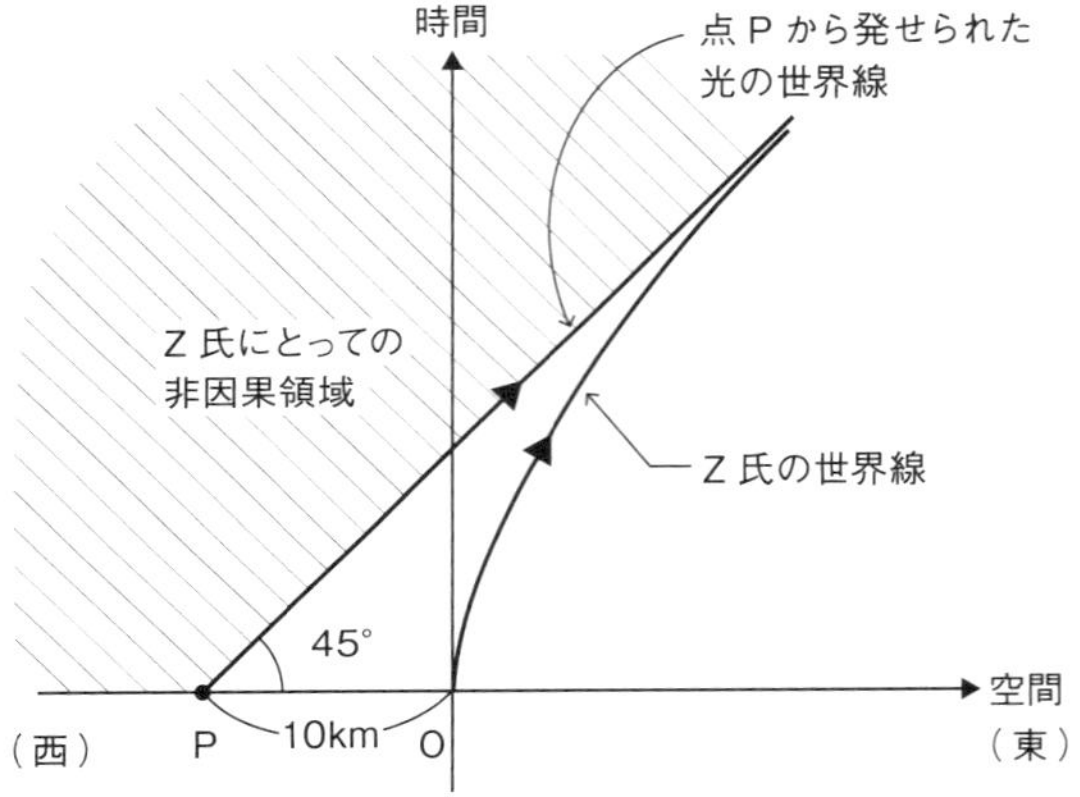

10キロメートルより向こうの世界は、ふたたび姿を現す。

時空の壁と非因果領域の出現は日常生活でも起こっている

このようなことは、何か常識はずれの空想のように見えるかもしれないが、じつは我々の日常生活でもつねに起こっていることなのである。

たとえば、車を運転すれば、最初静止している状態からアクセルを踏んで次第に加速していくことは、しばしば経験することである。この加速状態のとき、我々ははるか彼方(たぶん何光年も先の宇宙空間)にこのような非因果領域を持つことになるのである。しかし、それはほとんど日常生活に影響を与えない領域であるから気づかないだけなのだ。

さて、この加速（や減速）による非因果領域の出現は、加速をやめることによって、すぐに解消することができる。

しかし、この宇宙には解消することのできない非因果領域がある（もちろん第2章で見たタキオンの世界もそうであるが、ここで扱うのはタキオンの世界ではない）。

それは**ブラックホール**である。

ブラックホールの表面では光は止まる！

ブラックホールの表面は、これまで述べてきた加速を続ける物体に生じる非因果領域の「縁《ふち》」、つまり点Pと同じ状況にあるのである。

ブラックホールの表面（これは**シュヴァルツシルトの障壁**と呼ばれる）から出た光は、決して我々に到達することはない。ブラックホールの表面は点Pと同じで、我々が見ることは決してできない。ブラックホールを出た光は、そこで「凍結」されてしまうのである。

「凍結」とはどういうことかと言うと、そこで光の速さが0になるということである。光が止まるのである！

図 3-6　加速する宇宙船の後方にはシュヴァルツシルトの障壁と同じ時空の壁が生じる

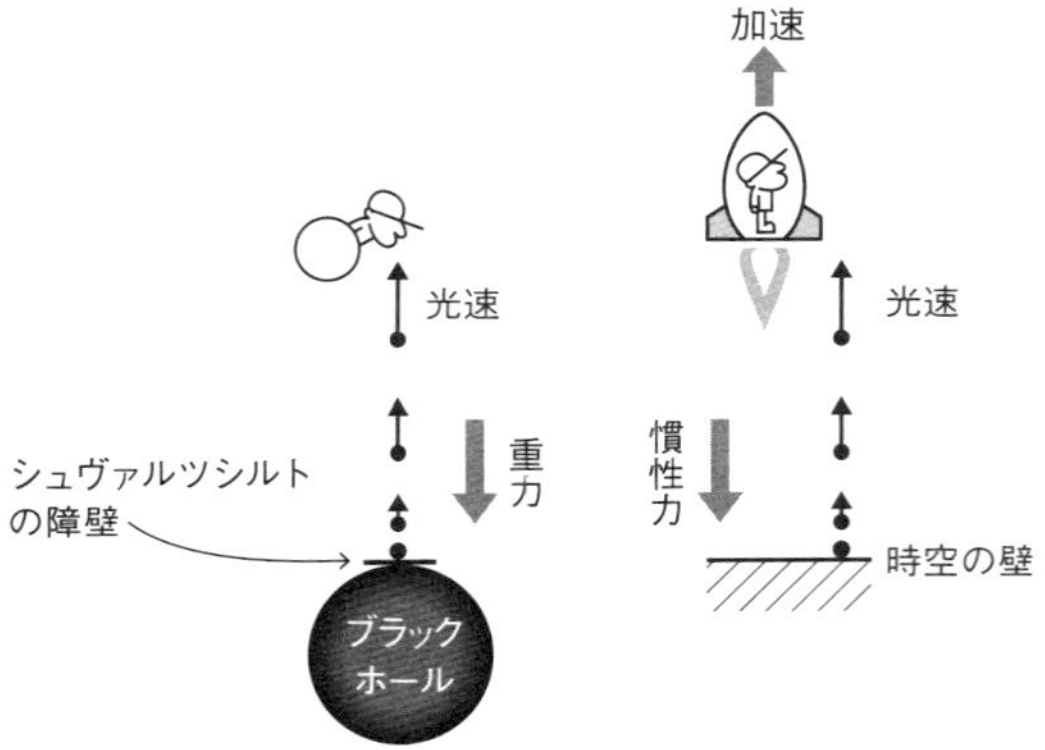

光速はつねに一定、秒速30万キロメートルではなかったのか？

ではない！　のである。

光速は変化する！

これは何もブラックホールに限ったことではない。

重力場のもとでは、多かれ少なかれ光速は変化する（図3-6）。

そして、このような重力場で起こることは、加速度運動している宇宙船の中でも起こるのである。

等価原理

一般相対論には、**等価原理**と呼ばれる原理がある。

それは、局所的に見たとき（たとえば宇宙全体を見るのではなく、宇宙船の内部など、ごく狭い領域だけを見たとき）、重力と慣性力は区別することができないという原理である。

加速している宇宙船に乗っている人には、疑似的な重力が発生するのである。これは**慣性力**と呼ばれるが、たとえば加速上昇しているエレベーターに乗ったときに床面に押しつけられる感覚を覚えたり、急発進した電車の中でボサッと立っているとずっこける力のことである。重力も慣性力も、何か目に見えるものから押されたり引っ張られたりしているわけではない、すなわち力を及ぼしているものが見えないのに働く力なのである。

このような「場」のもとでは光は曲がったり速度を変えたりする——これが一般相対論が主張することなのである。

しかし、もっと突き詰めて言えば、光速は理由もなく速度を変えるわけではない。ブラックホールのシュヴァルツシルトの障壁の表面では光が止まってしまうのは、光速が変化するというよりは、時間が止まるのである。時間が止まってしまえば、いくら光であっても動くわけにはいかない。光速はあくまで秒速30万キロメートルなのだが、時計が永遠に1秒を刻まないものだから、光は動けないのである。

いよいよウラシマ効果の謎に迫る

さて、話をウラシマ効果に戻そう。

地球を出発した加速する宇宙船に乗っているA氏が地球の方向を振り返ると、地球の向こう何光年か彼方にシュヴァルツシルトの障壁に似た時空の壁を見る。そして、この壁からの光は加速を続けるかぎりA氏に届かないのであるが、それはこの壁の付近では時間がほとんど止まっているからである。

ところで、宇宙船の中にいるA氏自身の時計はどのように進むかと言えば、もちろんふつうに時を刻んでいる。それでは、時空の壁からA氏の宇宙船までのさまざまな場所での時間の進みはどうかと言えば、壁から宇宙船に近づくにつれて時間は少しずつ進み始め、宇宙船の付近までくれば時間の進みは平常になる。

ここで目を地球とは反対方向に転じてみよう。

つまり、出発した地球の方向ではなく、目的地の99光年先の恒星系の方を見るのである。そうすると、ここでA氏は驚くべき「事実」を見る。

宇宙船の進行方向の先では、地球のある後方とは反対に、光速はどんどん速くなるのである！

加速する宇宙船の前方では、時間がどんどん進む

ブラックホールをはじめとする天体からの重力場の場合は、天体からの距離が遠くなれば重力は小さくなっていくが、加速する宇宙船の中から見える慣性力は、宇宙の無限の彼方にまで同じ大きさで働いている。そのため、後方とは逆に、宇宙船が進む前方では光速が速くなる——すなわち、時間がどんどん進んでいくのである。

A氏の宇宙旅行は始まったばかりで、まだウラシマ効果の「成果」を見ることはできないのだが（じっさい、A氏から見て、このとき地球の時間経過はA氏の時間経過より遅れている）、ウラシマ効果の本質がこの宇宙船の加速運動に体現されているのである。

この後、何が起こるかをかいつまんで語ろう（図3－7）。

A氏の乗る宇宙船は、一定の加速期間を経た後、等速運動に転じるとしよう。そして、等速運動している間は、特殊相対論に従ってそれぞれの時間が経過する。つまり、A氏の時間経過に対して、地球の時間経過も目的地の恒星系の時間経過もゆっくりになるということだ。

そうすると、この時点ではA氏に対して地球の時間経過はずいぶん遅れていることになる。

図 3-7　加速する宇宙船の後方では時間の流れが遅くなるのに対して、前方では時間の流れが速くなる

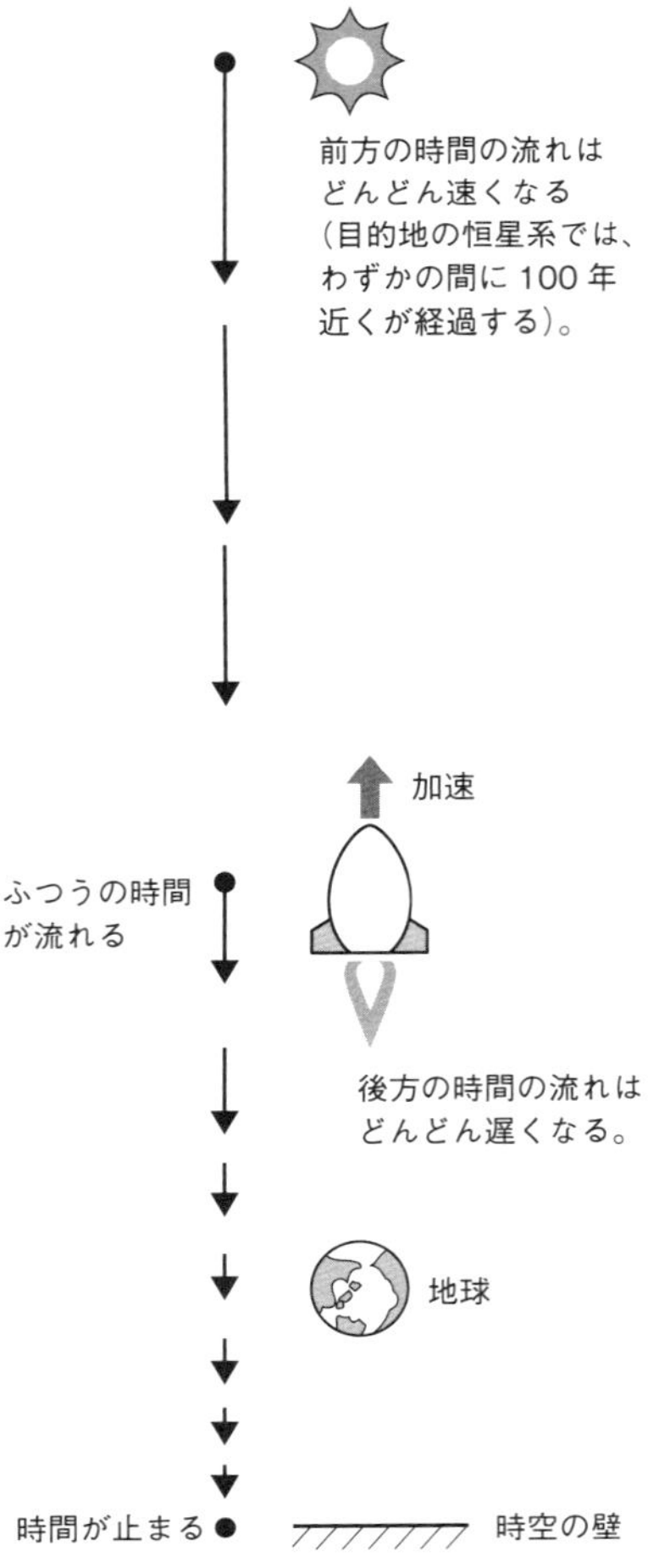

たとえば、A氏にとっては地球を出発してから1年が経過しているのに、地球ではまだひと月ほどしか経過していない、というような状況である。

ところが、目的地の恒星系では、すでに100年近くが経過している。

このような状況で、A氏の乗る宇宙船は目的地の恒星系に近づく。

A氏はこの恒星系に1年ほど滞在してふたたび地球に戻らないといけないから、適当なところで宇宙船を逆噴射して、ちょうど恒星系に達した頃に速度が0となるように減速しなければならない。

減速は加速と向きが反対であるだけで、加速運動であることは同じであるから、この減速期間中に加速期間と逆向きのことが起こる。

具体的に言えば、減速を開始した瞬間から前方の恒星系の少し向こうに時空の壁——すなわち時間が止まる場所が生じる。

そして、目的地の恒星系での時間もゆっくり進むことになる。

しかし、宇宙船の最初の加速のときに、この恒星系の時間は100年近く進んでいるから、A氏から見た恒星系の時間は、出発時より約100年経過していることになる。

減速期間中に後方の地球の時間がどんどん進む

そして、この逆噴射の期間中に地球の方を振り返ってみると、とんでもないことが起こっている。

ちょうど地球を出発した直後の加速期間中に、目的地の恒星系ではどんどん時間が進んだように、今度は後方の地球の時間がどんどん進むのである。

つまり、逆噴射中は宇宙船内のA氏にかかる慣性力は、出発時の加速中とちょうど逆向きであるから、今度は目的地の恒星系の方向で時間が遅れ、後方の地球の方向の時間が進むのである。

こうして、A氏自身は地球を出発してからまだ4年ほどしか経過していないのに、恒星系ではA氏が地球を出発してから約100年が経過しており、恒星系に到着する逆噴射中に地球の時間も約100年が経過することになる。

さて、このとき地球にいるB氏はどのような光景を見ているかと言えば、B氏は慣性系にいるので、ブラックホールなどの重力場がないかぎり、すべての場所で時間は同じように流れている。ただ、光速の99パーセントの速さで飛んでいる宇宙船の内部の時間だけは遅れて見える。このため、地球や恒星系では100年が経過しているが、宇宙船の内部だけは4年しか経過していないことになる。

地球に戻ればウラシマ効果は必ず起こる

こうしてウラシマ効果が現れるのだが、宇宙船はまだ恒星系に到着したばかりなので、本当にウラシマ効果が起こっているのかを確認するためには、宇宙船は地球に戻って、A氏とB氏が直接対面しなければならない（何度も述べたように、このときB氏はすでに200歳くらいになっているはずである）。

さてそういうことで、旅の後半であるが、この旅は出発点が恒星系で目的地が地球という違いだけで、起こることは旅の前半とまったく同じである。

念のため、一応辿ってみよう。

まず、恒星系を出発した直後の加速状態では、宇宙船から見て後方の恒星系の時間が遅れ、さらにその向こうに時空の壁が生じる。そして、目的地の地球の方向では時間がどんどん進むことになる。

こうして宇宙船のわずかな加速期間中に、地球の時間は、ほとんど100年近く経過する。

地球の時間が進むのは、（恒星系に到着前の減速期間中と）この加速期間中だけで、この後宇宙船が等速運動する間は、特殊相対論の効果で、地球の時間経過は宇宙船内での経過よりずっと遅くなる。さらに、宇宙船が最後に減速して地球に戻るまでは、地球の時間経過はずっと遅いものになる。しかし、この時点までにすでに地球の時間は２００年ほどが経過しているから、ここで地球の時間が遅れてもウラシマ効果を覆すようなことにはならない。

また、ついでに言えば、この最後の減速期間中に、後方の恒星系では１００年ほどが経過し、結局、宇宙船内のＡ氏が体験した往復９年ほどの間に、地球も恒星系も約２００年が過ぎ去っているということになる。

以上のようにして、一般相対論の効果を考慮すれば、ウラシマ効果は間違いなく起こるということになるわけである。

蛇足であるが、Ａ氏は玉手箱を持っていないので、地球に戻ったときにＢ氏がすでに亡くなっていることを悲しむことはできても、自分も白髪の２００歳になることまではできない相談である。

玉手箱の意味すること

以上がウラシマ効果の一般相対論的説明である。

玉手箱を物理学的に解釈すれば、絶対時間の存在というふうに考えることもできるだろう。竜宮城での体験はほんの数日であっても、地球では何百年もが経過する。しかし、地球に戻った浦島太郎は玉手箱を開けることによって、地球の時間に戻るのである。これはすなわち、地球での時間が絶対的な時間であって、竜宮城での時間はかりそめの時間であった、ということであろう。

ところが、一般相対論は、そのような絶対時間を否定するのである。

重力場の中で遅れる時間や、加速系の中で見た光速の変化、すなわち時間の変化は、何が本当の時間で何が見かけの時間か、などという問いを無意味なものにしているのである。

時間と空間、これは我々が直感的に理解しているようなものでは決してない、と言わざるを得ない。

もちろん、相対論では、時間と空間の次元は同じである。

つまり、時間は空間へ、空間は時間へ、変化することも可能である。

そうすると、距離（空間）÷時間＝速度というニュートン力学の常識も、もはや通用しないものになる。

速度とは何なのか。

相対論では、速度とは次元のない単なる数のことである。

単なる数に、物理的な存在意味があるのであろうか？

なぜなら、単なる数を測定することなどできないからである。

測定するためには、基準となる単位が必要である。たとえば、「5」という値を持つ長さは5メートルであり、時間は5秒であり、質量は5キログラムであるが、単位のないただの「5」をどうやって測るのか？

それはできない相談である。


さて次章では、ウラシマ効果を超える、もっと過激な時空を垣間見ることにしよう。一般相対論が物語ることとは何なのか。そのSF思考実験的な哲学に迫ることにしたい。

注：本章で解説したウラシマ効果の謎解きについては、筆者も編集のお手伝いをさせていただいた石原藤夫著『銀河旅行と一般相対論 ブラックホールで何が見えるか』（講談社ブルーバック

ス　1986年）に、より詳しい図版・数式を使った解説がある。[2] 興味のある方は、ぜひご参照いただきたい。

第4章　一般相対論は時間について何を語るのか

相対論が突き付ける未来と過去の領域

第1章と第2章で我々は、光速が不変というのは、慣性系という特別の座標系に乗った場合だけの話であり※、加速度系や重力場のもとでは光速は変化するということを見た。極端な場合、光速は0になることもあるし、無限に速くなることもある。

※また、第1章ではチェレンコフ放射について述べたが、最近は**スローライト**や**光の閉じ込め**の技術が進み、媒質中で光をほとんど静止させて、そのエネルギーを利用できるようになってきている。光速一定というのは、真空中でかつ慣性系という特別の場合だけなのである。

そして、これは時間の流れというものが、止まることもあるし、無限に速くなることもある、ということを意味している。

しかし、それでもなお、我々は時間というものが過去から未来へ流れているという「幻想」から逃れることができない。

それは当然のことである。我々は決して過去に遡《さかのぼ》ることはできないし、時間の流れを止めることもできない。生きているかぎり、我々はつねに未来へと「動いて」いる。

図 4-1　絶対過去と絶対未来

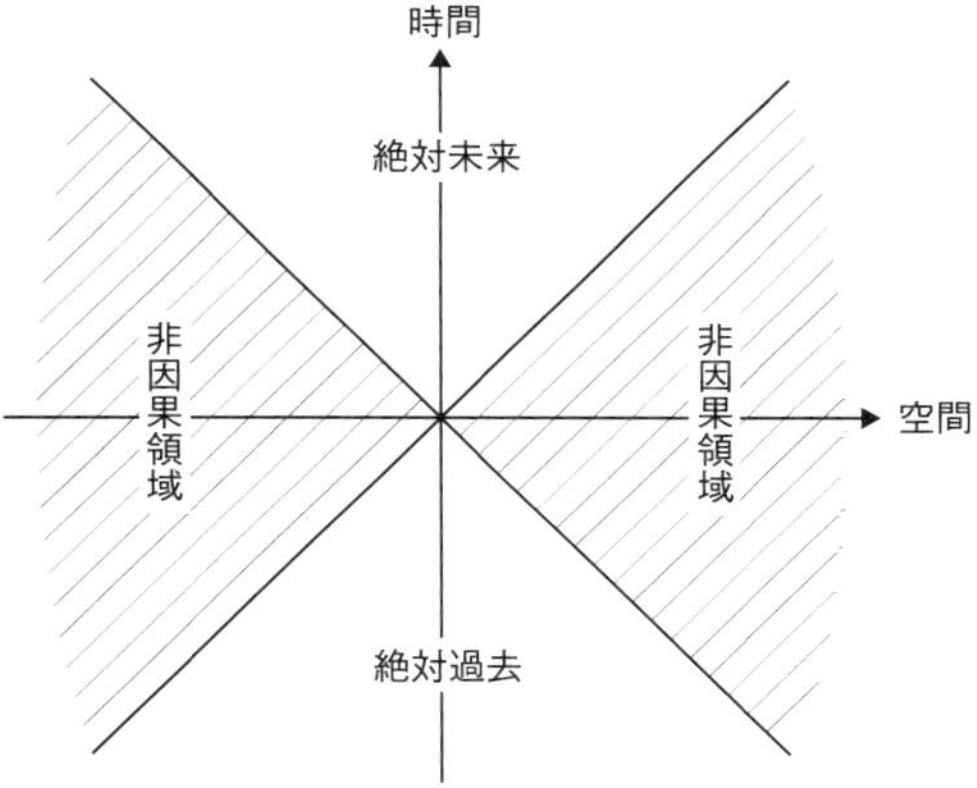

相対論が正しいとすれば、時間の進み具合は観測者によってさまざまである。しかし、それは時間の進み具合が速いか遅いかの違いであり、時間そのものは過去から未来へ流れているのではないか。相対論というものを突き付けられて、時間の流れはそれぞれの観測者によって異なるものであるということを渋々認めたとしても、我々はそれでもなお宇宙には過去と未来という時間の向きが歴然として存在すると思っているのではないだろうか。

じっさい、ミンコフスキー空間では、非因果領域を挟んで、絶対未来、絶対過去という領域が存在する（図4－1）。

これはある観測者にとって、戻れない過去とこれからやってくる未知の未来とがはっきりと区分けされて存在することを意味している。

また、相対論からは離れるが、我々はエントロピー増大の法則というものがあることを知っている。外からの干渉がないかぎり、ある巨視的な系のエントロピーは時間の経過とともに増大へ向かい、決して減少することはない。

しかし、エントロピー増大の法則については、章をあらためて第8章で考察することにして、本章では相対論の枠組みの中での時間と空間についてだけ考えることにしよう。

一般相対論の重力場の方程式はアインシュタインが１９１５年にすでに見つけていたが、それがどのような解を持つのかについての考察はたいへん難しく、今でもさまざまな解が見つかり、さまざまな議論を呼んでいる。

宇宙は加速膨張している

アインシュタイン自身が、この方程式に**宇宙項**というあまり根拠のない余分な定数項を付け、後年、それを自分の生涯最大のミスであったと後悔していたのだが※、20世紀末になってこの定数項がふたたび見直され、今では宇宙の加速膨張に必要なものとして復活している。むろん、その深い意味については、単なるＳＦ愛好者に過ぎない筆者などは野次馬的な興味の域を超えることはできないのだが、いろいろな解説本を読むと、宇宙とは何かという疑問に対する答えが、ほんの数年のスパンでどんどんと変化していっていることに驚かされるのである。

※アインシュタインが重力場の方程式を作ったときには、まだ宇宙の膨張は発見されていなかった。宇宙は永遠にわたって同じ状態にある、いわゆる静的宇宙が常識として信じられていたのである。しかし、重力場だけの宇宙では、宇宙はやがて重力によって収縮へと転じてしまう。それを避けるために、アインシュタインは方程式にとくに根拠もなく定数項を入れてしまったのである。しかし、その後、エドウィン・ハッブル（1889〜1953）が遠方の銀河からの光がドップラー効果によって赤方偏移（波長が伸びて長くなり、赤に近づく）していることを発見し、宇宙の膨張が発見された。ビッグバンによって宇宙の膨張が始まったのだとしたら、やがて宇宙は収縮に転じてもよいわけで、宇宙項の必要はないわけである。しかし、状況は二転三転し、20世紀末に宇宙は加速膨張していることが明らかになった。こうして、宇宙項はふたたび復活することになったのである。

アインシュタインが「神様がサイコロを振るはずはない」と言った話は有名であるが、その時代の最高の頭脳を持った天才でさえ、宇宙研究がどの方向に進み、どんな奇抜な宇宙が登場してくるのかを予見することは不可能なことが分かるのである。

もちろん、アインシュタインの信念は間違っていた（少なくとも今の物理学の知識では）。今では「神様はサイコロを振る」ということが「科学的事実」となっている。

宇宙論の最近の画期的な展開は、20世紀末に明らかになった**宇宙の加速膨張**の事実であろう。

我々の宇宙が膨張していることは20世紀になってからのハッブルの発見であり、それも最近までは（あくまで筆者の感覚であるが）フレッド・ホイル※（1915〜2001）のような頑固な定常的静的宇宙論者も健在であったのだから、事態は急変した感がある。

※余談であるが、フレッド・ホイルは多くのSFを書いているハードSF作家でもある。代表作に、星雲が意識を持った生命体であるという奇想天外なアイデアの『暗黒星雲』（法政大学出版局）や、さまざまな時代の文明が同時に存在するという『10月1日では遅すぎる』（ハヤカワ文庫SF）などがある。

加速膨張の「原動力」は真空のエネルギー

宇宙の膨張は、時間を遡れば宇宙が一点からの大爆発、すなわちビッグバンから始まったことを暗示しており（今ではビッグバンの瞬間が138億年の昔であることまで明らかになり）、そして常識的に考えれば、この膨張はビッグバン、すなわち大爆発の名残りであり、宇宙の膨張はやがて止まり、収縮に転ずるであろうと素人なりに納得していたものである。

ところが21世紀になって、あれよあれよという間に、収縮するどころか、ぐんぐんと加速度的に膨張しているというのが宇宙論の常識となってしまった。

いったいどんな力が宇宙を加速膨張させるのか、万有引力に打ち勝つ斥力はどこから生じているのか、などなど謎は尽きないのであるが、最近ではどうやら加速膨張の「原動力」は真空に潜むエネルギー※であるらしいと分かってきた。

※ニュートン力学では、真空とは何も存在しない場と考えられていたが、現代物理学では真空にもエネルギーが存在すると考えられている。そのため、**真空のエネルギー**状態が変化する（これを**真空の相転移**と呼ぶ）と、莫大《ばくだい》なエネルギーが発生する可能性がある。宇宙の加速膨張の原因は、これではないかと考えられている。

真空エネルギーと量子論

真空がエネルギーを持つなどということは常識的にはあり得ないことであるが、20世紀の落とし子である量子論と相対論は、すべての常識を覆すのである。

量子論の神髄は（と、これも野次馬の解釈であるが）、この宇宙に確定的に存在するものはない、という主張だと思う。

たとえば、我々は電子という素粒子が存在することをよく知っている。電子は我々の日常世界にもっとも影響を及ぼしている素粒子である。すべての化学反応、生命現象、電磁気的現象は、そのほとんどが電子の振る舞いで決定される。つまり、電子は明らかに実在する素粒子であり、その存在を、それがあまりに微小であるため、我々は目の当《ま》たりにすることはできないが、静止質量9・11×10^{-31}キログラム、電荷1・60×10^{-19}クーロンを持った質点とも言うべき粒子であることを知っている。

ところが、スクリーン上に光る点であるとか、微小なスリットをすり抜けた痕跡とか、そのような電子の存在を示す証拠がない時空において、電子が本当に存在しているのかどうか、それを確認する術《すべ》を我々は持たないのである。

一昔前なら、たとえばアインシュタインが言うサイコロを振らない神様の存在を認めて、たとえ観測していなくても、ある一点から別の一点に向かっている電子は、その間の空間に一つの粒子として存在し、軌跡を残すはずだというのが合理的な解釈であっただろう。観測の有無にかかわらず、一個の電子は客観的な存在として、時空のどこかに確かに存在しているはずなのである。

観測者がいて、初めて存在できる

ところが、最近の考え方の趨勢《すうせい》では、観測されていない電子は、どこにいるか分からないのではなく、どこにもいないのである。

あるいは、どこにでもいると言うべきだろうか。

このあたりのことは、第7章「世界は『関係』でできている」でも、あらためて考察しているので参考にしてほしい。

要するに、これは物理学というよりは哲学の問題かもしれないが、あるものが存在するということは、あるものだけでは不充分なのである。あるものがあり、そのものを観測する（相互作用する）存在があって初めて、あるものは存在するのである。

このような不確定性というものが本質である世界では、これまで確固たる事実と信じられていたことすべてが、疑いの対象となる。

時間と空間もまた例外ではない。

我々が持っている時間と空間の常識は、根底から覆されるのである。第2章で、ミンコフスキー空間の時間軸と空間軸が入れ替わるようなこともあるのではないか、と勝手な空想を述べたが、一般相対論の方程式は事情さえ整えば、そういうことも充分起こり得ることを示唆している。

いや、じっさいにそのようなことが起こるというお話をしてみよう。

前置きとして、筆者が素人としてずっと疑問に思っていたことをまず述べてみたい。むろん、これは「宇宙の果てまで行ったら、その向こうには何があるの?」と聞きたくなるのと同じ程度の疑問である。

ビッグバンの光は東からも西からも

我々の宇宙は138億年前にビッグバンによって一点から始まったと聞かされている。

図 4-2　宇宙は一点から始まった

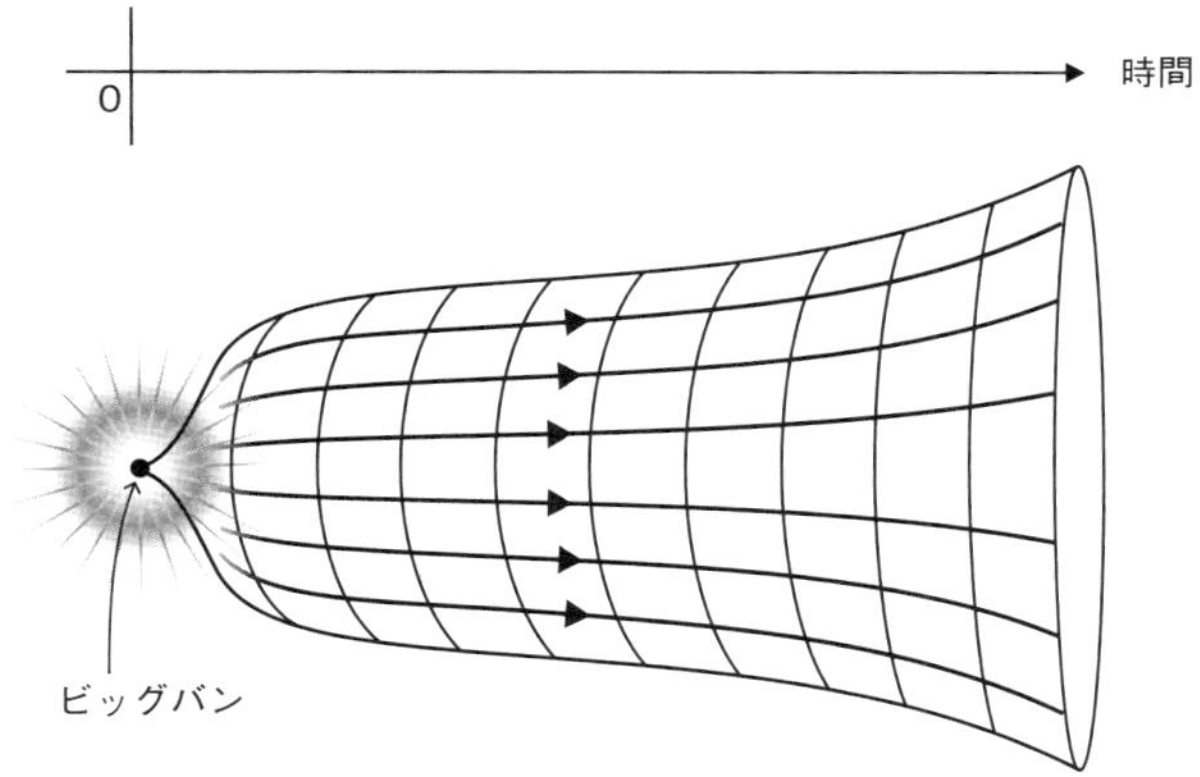

つまり開闢《かいびゃく》時の宇宙はとてつもなく小さかったのである。宇宙は一点から始まった。これをまず認める（図4－2）。

次に精度のよい望遠鏡ではるか遠方の宇宙を観測する。遠方の星からやってくる光は地球に届くまでに時間がかかるから、たとえば1億光年彼方の星の像は一億年前にその星から発せられたものである。つまり、我々が見る一億光年彼方の星の姿は一億年前の星の姿である。遠くの天体に限ったことではないが、我々が目の当たりにしている光景は、すべて過去のものである。

現在の望遠鏡の精度では、138億光年くらい彼方の天体も何とか見えるらしい。つまり、我々はビッグバン直後の宇宙を見ることができるのである。

さて、疑問はここからである。

我々が観測する宇宙は、かなり等方的であるらしい。等方的とはどういうことかというと、大きなスケールで見ると、銀河や星々の分布はどこもほとんど同じという意味である。たとえば、望遠鏡を東の方へ向けて１３８億光年彼方を見た景色と、望遠鏡を西の方へ向けて１３８億光年彼方を見た景色は、ほとんど同じなのだ。

等方的であることは不自然ではない。ビッグバン直後の宇宙は高温高密度の物質が充満していただろうし、それが場所によらず大きなムラなく分布していることはむしろ自然なことである。

疑問なのは、宇宙誕生まもない景色が、地球から見て東と西、すなわち１８０度離れた１３８億光年先にどうして見えるのか。地球を中心に考えると、この二つの昔の宇宙は２７６億光年離れていることになる。針の先のような微小な空間から始まったはずの宇宙が、なぜそんなに広いのか（図4-3）。

むろん、相対論的な効果を勘案すれば、東西両端の距離が単純に１３８億光年＋１３８

図 4-3　なぜ、宇宙の両端にビッグバンの瞬間が見えるのか

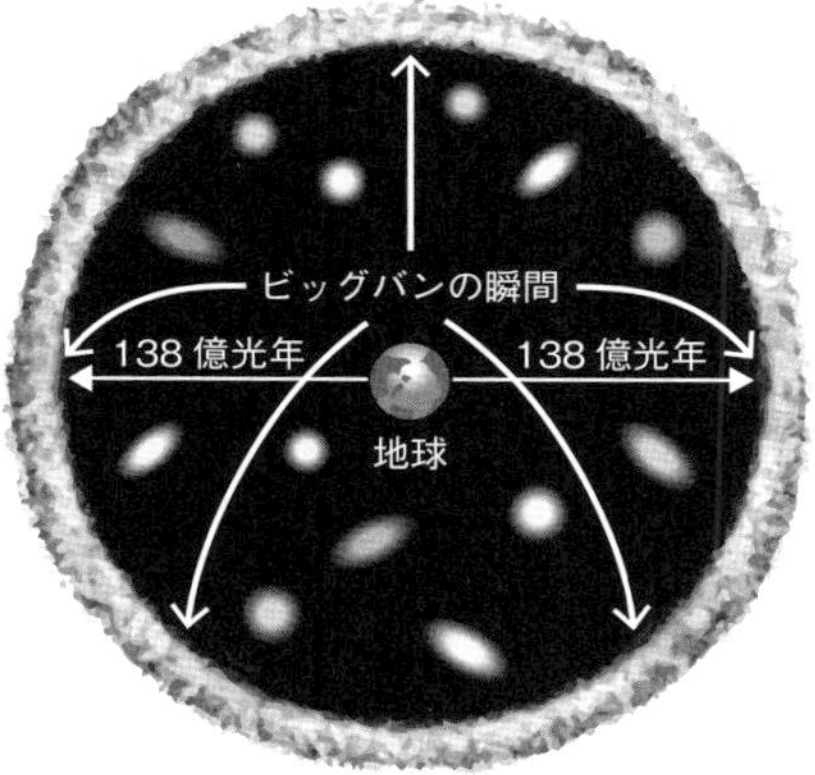

億光年にはならないとは思うけれど、それでもなおビッグバン直後の微小な宇宙が、なぜそんなに広範囲に見えるのかということは、どうにも納得のいかない謎であった。

宇宙は無数に存在する

結論から言えば、それはやはり一般相対論によって計算される時空の歪《ゆが》みが原因なのである。

宇宙論に関心がある方にはお馴染みかもしれないが、最近、**マルチバース**という考え方が有力になってきているようである。

つまり、宇宙（ユニバース）はただ一つ存在するのではなく、我々の宇宙以外に多種多様な宇宙が無数に存在するという考え方であ

る。

さらに**泡宇宙**という考え方もある。

これも真空のエネルギーが原因で生じるらしいが、沸騰するお湯の中に無数の泡が生じるように、ある宇宙の内部に無数の泡宇宙が生まれ、それが成長して一つの宇宙になり、さらに成長するとその泡宇宙の内部にまた新たな泡宇宙が生まれ……、というように、宇宙の創成が途切れることなく続くのである※（図4-4）。

※子供宇宙→孫宇宙→曾孫宇宙……、と生まれていくさまは、数学のフラクタル理論を彷彿《ほうふつ》とさせる。現時点でマルチバース理論とフラクタル理論を結び付けた研究はないようであるが。

そのような別の宇宙がじっさいに観測されたわけではない。あくまで理論的な可能性である。

しかし、この宇宙は一つではなく無数に存在するという考え方の根拠の一つとして、人間原理という考え方がある。

人間原理というと、宇宙は人間のために存在するというようなご都合主義的なニュアン

図 4-4　一つの宇宙の中に次々と泡宇宙が生まれる

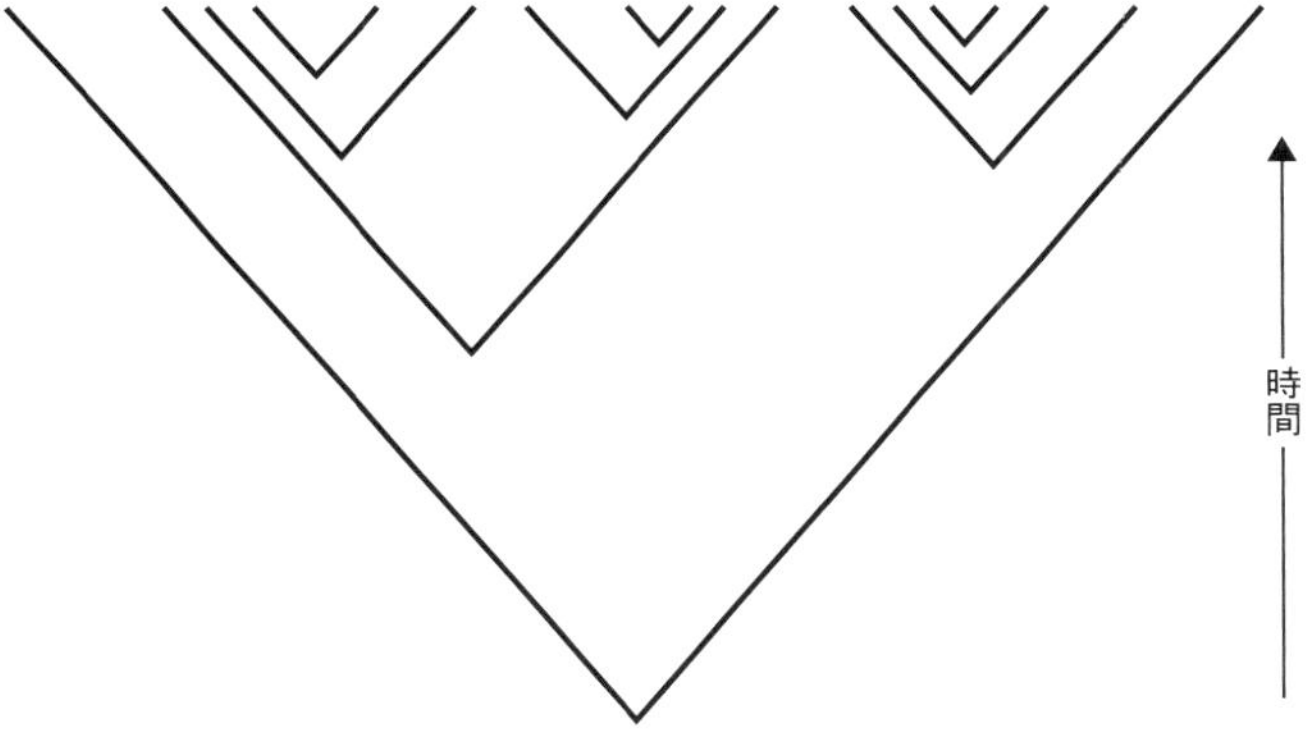

スがあるのだが、じつはここでいう人間原理はまったく逆の発想なのである。

現在の素粒子論の根底には、第1章で触れた通り標準理論がある。標準理論はまだ完成した理論ではないが、我々の周りに存在する物質の究極の単位である素粒子の振る舞いを記述するもっとも有力な理論であると考えられている。原子はプラスの電気を持つ原子核が中心にあり、その周囲をマイナスの電気を持つ軽い電子が回っている。原子核は陽子と中性子が**核力**で結び付いたものであるが、その陽子と中性子はそれぞれ三つの**クォーク**が結合したものだと考えられている（図4－5）。

クォークと電子の他にも**ニュートリノ**と呼ばれる、電子から電荷を取り除いた素粒子も存在するが、質量がほとんど0で電荷も持たないため、ニ

図 4-5　原子の成り立ち

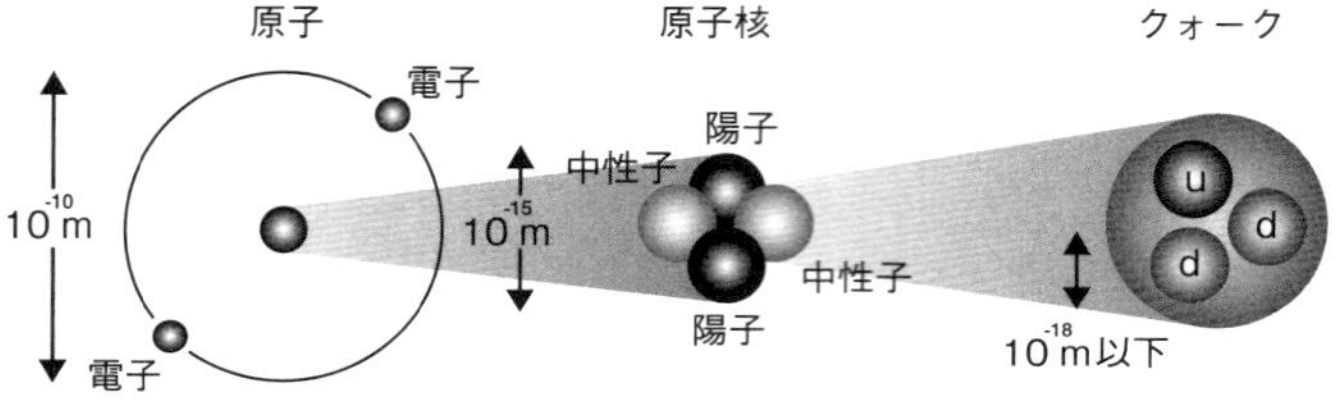

原子核は陽子と中性子で構成され、核力で結び付いている

陽子はアップクォーク（u）2個とダウンクォーク（d）1個でできていて、中性子はアップクォーク（u）1個とダウンクォーク（d）2個からできている

ュートリノを我々は感知することができない。人間の感覚で感知できないだけでなく、精密な測定器を使ってすら、ニュートリノの検出は困難である※。

※飛騨《ひだ》市神岡町の神岡鉱山の跡地にできた**スーパーカミオカンデ**は、世界でも有数のニュートリノ検出施設である。1万3000個ものセンサーがニュートリノから出るチェレンコフ光を観測できるようになっているが、主に太陽からやってくる大量のニュートリノのうち検出できるニュートリノの個数は、せいぜい1日30個程度だそうである。ニュートリノの検出はそれほど難しいので、実験データは多くなく、2011年には「光速より速い」のではないかと騒がれ

たこともあったが、誤報であったようである。

マルチバースと人間原理

この世界には、なぜそのような多種多様な素粒子が存在するのか。また、それらの素粒子は人間をはじめとする生命にとってどんな意味があるのか。それらのことはほとんど分かっていない。

しかし、はっきりしていることは、現在の宇宙を構成している素粒子の種類や性質がほんの少しでも異なっていたなら、我々人間や生命どころか、生命に必須の水分子の存在や、地球という惑星の存在さえなかったであろうということである。

現在の宇宙は精妙なバランスの上に成立している。

いや、そんなことを考えるのは、我々人間だけかもしれない。

宇宙はあるようにあるのである。あらゆる物理的要素の精妙なバランスなどということは人間が考えることであって、宇宙の知ったことではないのである。

もちろん、さまざまな物理定数や自然法則が現在のようでなければ、人間は存在し得ないし、それだけでなく、地球上での生命の発生と進化もなかったであろう。恒星や惑星の存在さえあり得なかったかもしれない。

それではなぜ、そのような稀《まれ》な宇宙が誕生したのであろうか？

難問である。

ここで人間原理の登場である。

人間原理による答えは、そのような稀な宇宙が現にここに存在するのは、ここに人間がいるから、というものである。

しかし、この一行で片付けてしまっては、まさにご都合主義の人間原理である。宇宙は人間のためにある、いやそれどころか、人間を誕生させるために、さまざまな物理法則や物理定数が決まり、数十億年の進化を経て人間が誕生したのである。

これでは神様の存在を認めるようなものである。

しかし、偶然にしてはあまりに出来過ぎている。

このような僥倖《ぎょうこう》は宝くじの1等に当せんするようなものである。

いやいや、そんな生易《なまやさ》しいものではない。宝くじの1等は、1億回くらい宝くじを買えば、確率的に当たるであろう。しかし、人間が宇宙に誕生するのは、おそらく宝くじが1億回連続で当たるよりもはるかに難しいのである。

このあり得ないような話を現実とするためには、どのような論理が必要であろうか。その答えがマルチバースにある。ユニバースならぬマルチバース。

宇宙はただ一つ存在するのではなく、無数に、ほとんど無限に存在するのである。マルチバース理論は、人間の存在を正当化するために生まれた理論ではむろんない。一般相対論、量子力学、素粒子論、そしてさまざまな観測事実等々から、理論的にあり得るという数学的な操作から生まれてきた新しい理論である。

とくに、20世紀末に宇宙の加速膨張が観測されて以来、きわめて有力な宇宙論として浮上してきたものである。

真空のエネルギーが新たな宇宙を創造する

宇宙を誕生させるにはエネルギーがいる。相対論によれば、

$E=mc^2$ （エネルギー＝質量×光速の2乗）

の有名な数式で示されるように、エネルギーは質量と同等である。つまり、物質の存在はエネルギーそのものと言ってよい。そしてさらに、物質だけではなく、真空もまたエネルギ

ギーを持つのである。

この物質と真空のエネルギーの「せめぎ合い」が宇宙を生み出す原動力となる（と筆者は勝手に解釈している）。

そして、量子論によれば、宇宙がいつ、どこに誕生するかは不確定性原理によって確率的に起こることなのである（と筆者は勝手に解釈している）。

こうして、ある確率で、ある瞬間、ある場所に新しい宇宙が誕生する。この宇宙が我々の宇宙のように加速度的に膨張していく宇宙なのか、それともいったん生じてもすぐに消滅してしまう宇宙なのか、それはまったく確率の問題である。

そして、仮にある宇宙が誕生して、そこに我々の宇宙にあるような素粒子を創り出したとしても、それらの素粒子が我々の宇宙の素粒子と同じものであるとは限らない。また、素粒子間の相互作用を決める物理法則も、我々の世界と同じものであるとは限らない。限らないというよりは、まったく違う素粒子、まったく違う物理法則である確率の方が高いのである。

マルチバース理論によると、このような宇宙が無数に存在するという。無数とはどれくらいか？　もちろん1000や10000ではない。ほとんど無限大なのである。おそらくは、

100の100乗（100を100回掛ける、つまり100の後ろに0が198個並ぶくらい）の個数の宇宙が存在しうるのである。

しかし、それではなぜ我々は、我々の宇宙以外の宇宙を観測し得ないのだろうか？それは、この世界は無限に近い広さを持ち、無限に近い時間の中に我々がいるからであろう。しかし、マルチバース理論によると、我々が別の宇宙を観測する可能性はあるらしい。

もし、そのようなことが可能であるとしたら、我々はどのような別宇宙を見るのであろうか。

興味津々である。

我々の宇宙から泡宇宙を見ると

ここで、時間と空間に関する一つの例を紹介してみよう。

一般相対論の解としてあり得る宇宙である。

図4-6を見てほしい。

我々の宇宙を構成する時空のどこかに泡宇宙が誕生し、それがまさにビッグバンと同じ

図4-6　我々の宇宙の一点から泡宇宙が生まれ、膨張していく

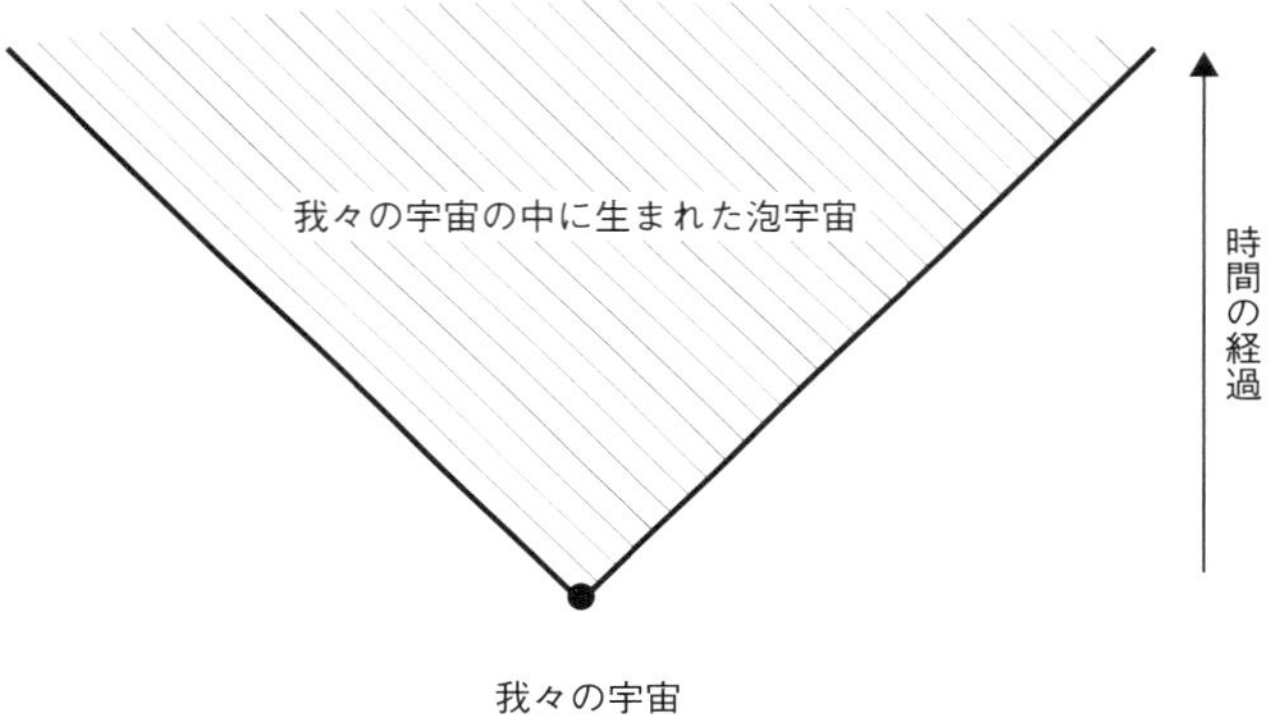

経過を辿って拡大していく。

このとき、我々は時空の一点に生まれ、膨張していく宇宙を観測する。それをミンコフスキー空間の図として描けば、図のようになるだろう。

この図に我々の時間経過を示す軸を入れてみると、**図4-7**のようになる。

この時間経過を示す軸に沿って我々が見ることを記述すると、次のようになる。

ある時刻$t=0$に、我々は別宇宙のビッグバンが始まった瞬間を見る。

そして、我々の時間が$t=1$，$t=2$，$t=3$，……と経過すれば、我々が観測するこの宇宙は次第に大きくなっていく。すなわち、膨張が始まっているわけである。

図 4-7　時間が $t=0\rightarrow1\rightarrow2\rightarrow3$ と経過すると、子供宇宙（泡宇宙）は膨張していく

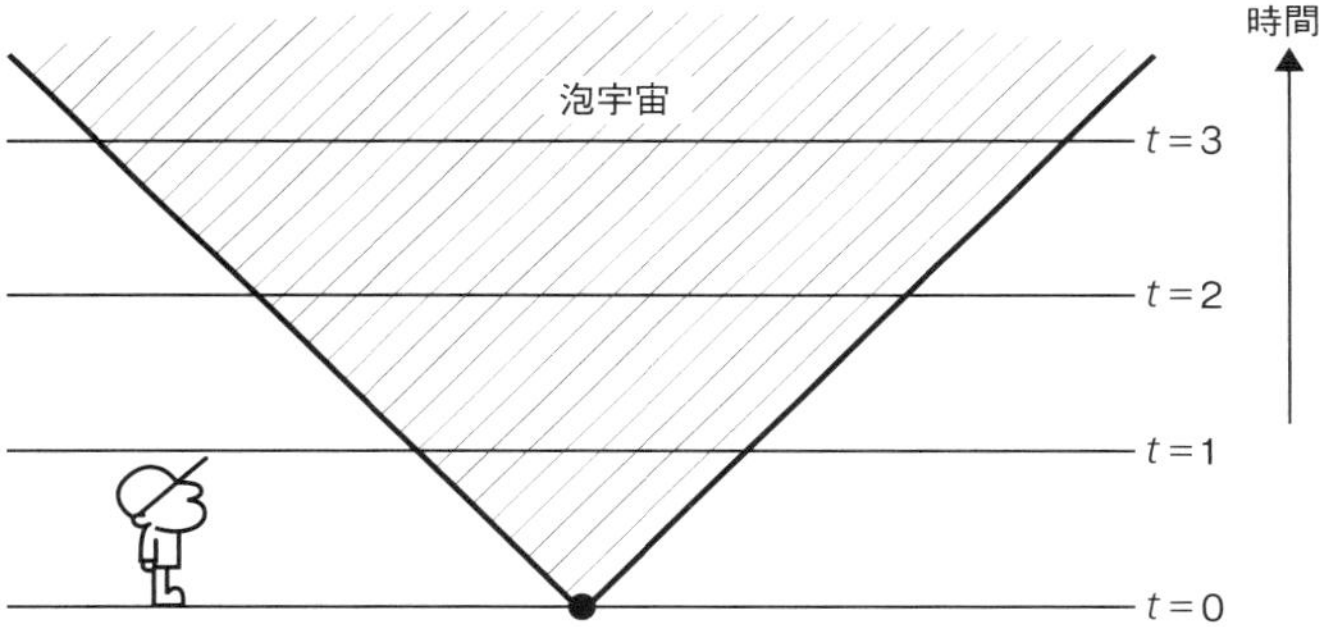

泡宇宙の中に入ってみると

さて、ここで我々は、この突然発生した宇宙の内部に入ってみることにする。

この新たなビッグバンによって生じた宇宙は、我々の宇宙の内部に生まれた「**子供宇宙**」のようなものであるが、その内部で生じる出来事は、我々の宇宙と同じではない。その子供宇宙に生まれる物理法則や素粒子の種類、性質といったものは、我々の宇宙のそれとはまったく違っている。よって、その宇宙にはどのような天体が生じるのか、あるいは生じないのか、それはまったく別のものである。

しかし、その子供宇宙の枠組みに、時空、すなわち時間と空間が存在することは、我々の宇宙と変わりはない。つまり、子供宇宙にどんな物質が生まれるか、その中身についてはまったく予測できないが、一般相対論だけは枠組みとして存在するのである。つまり、この子供宇宙の枠組みは、我々と同じミンコフスキー空間なのである。

ミンコフスキー空間は実数の時間軸と虚数の空間軸から構成される時空であるが、時間軸と空間軸が碁盤の目のように直交している保証は何もない。これについては、すでに前章までで見たのと同様である。

さて、それでは我々から見ると、アイスクリームのコーンのように見える子供宇宙の内部にいる存在にとっての時間経過は、どのようになるのかを描いてみよう（図4－8）。

一点から始まったにもかかわらず、無限の拡がりを持つビッグバン

驚くべきことに、子供宇宙の内部の人から見た時刻$t'=0$は、コーンの円錐面全体になっている。ミンコフスキー空間の時間$t'=0$を示す軸は空間軸（虚数軸）であるが、この空間軸がまっすぐな直線ではなく、コーンの円錐に対して平行になるような曲線になるのである。

このことが意味するところは、子供宇宙の外にある我々「**親宇宙**」から見たとき、子供

図 4-8　子供宇宙（泡宇宙）の中では時間は、$t'=0→1→2→3$ のように経過していく

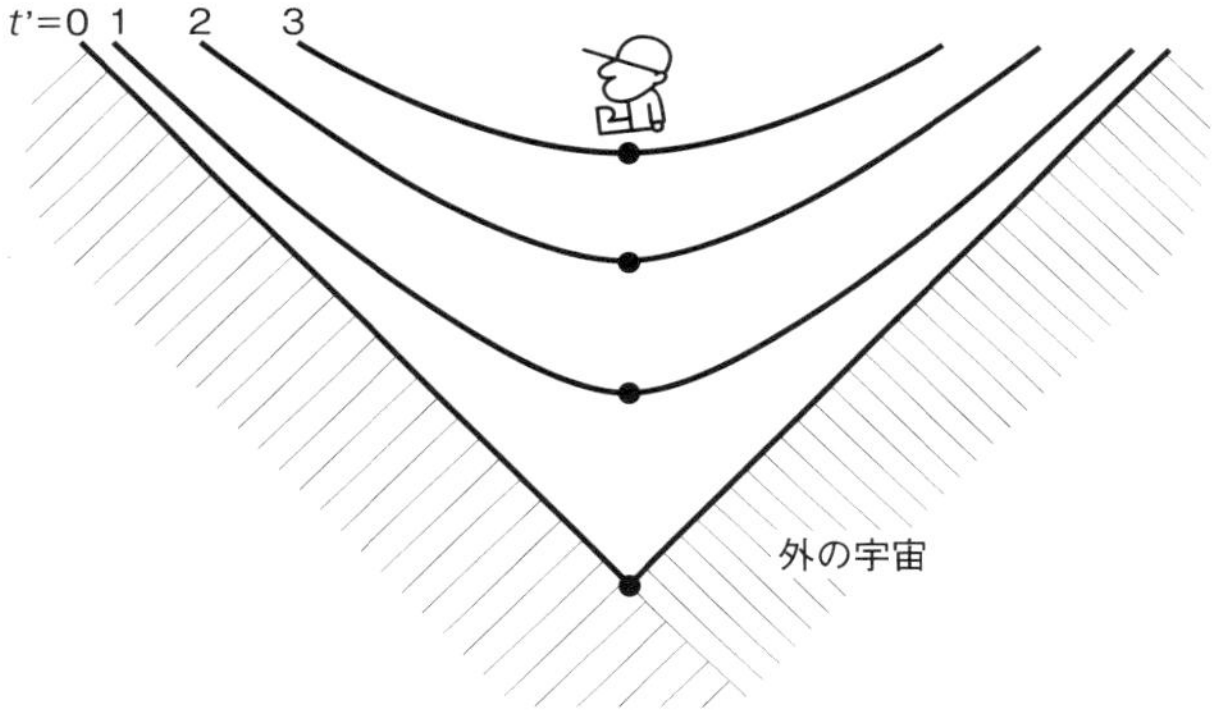

宇宙は一点から始まって膨張していくが、子供宇宙の内部から見ると、宇宙は最初から無限に大きいのである。

たとえば、子供宇宙のビッグバンから100億年後のある瞬間に、**図4-9**の点Qにいる人が自分の宇宙を見たとする。

点Qにいる人が見る宇宙の光景は、図の世界線PQとP'Qに沿った光景である。この世界線は傾きが45度、すなわち光の世界線である。

これは子供宇宙か親宇宙かにかかわらず、ミンコフスキー空間上のある点にやって来る光の世界線がすべて45度の傾きを持っていることに拠《よ》っている。

つまり、点Qにいる人にとって、世界線PQは宇宙の（たとえば）東の方向を見た光景であ

図 4-9　Q が見る P, P’ はどちらも 100 億年前の瞬間である

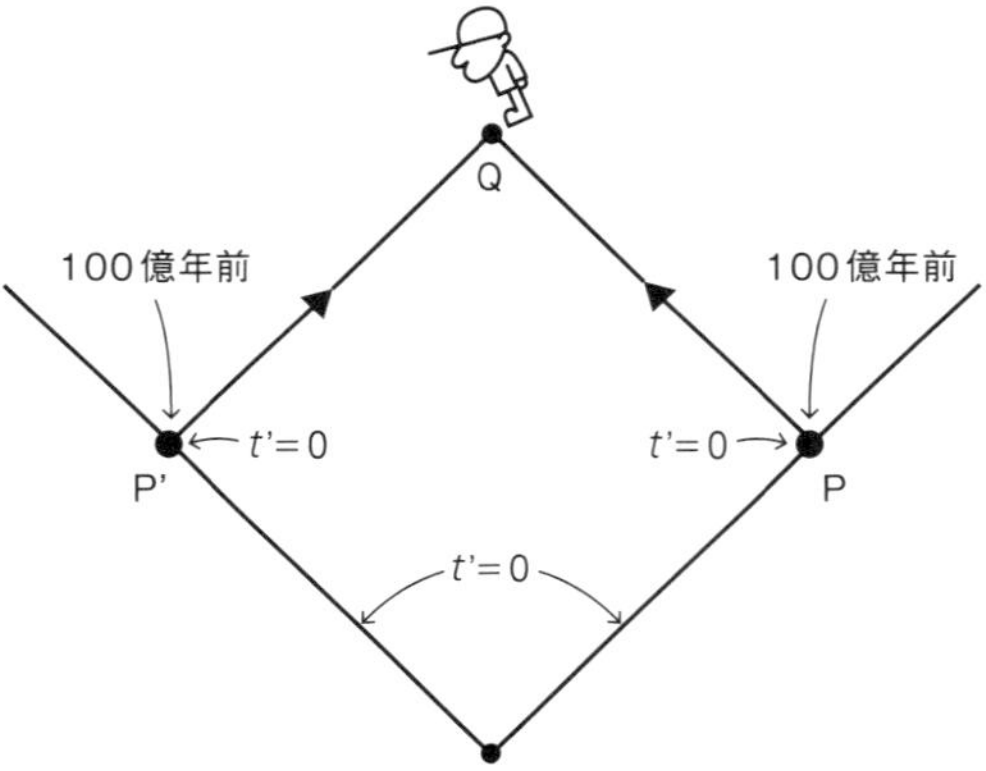

り、P’Qは西の方向を見た光景である。

我々の感覚で言えば、180度正反対の方向を見たとき見える光景が、世界線PQとP’Qなのである。

点Qの観測者にとって、点Pは東の方向100億年前の姿であり、点P’は西の方向100億年前の姿である。

このことは、何も子供宇宙の中だけで起ることではない。

じつは、我々のいる宇宙も、親宇宙と呼んでいるが、ひょっとすると別の宇宙から生まれた子供宇宙かもしれないのである。

ある宇宙の中に泡宇宙が生まれ、それが膨張して、さらにその泡宇宙の中に次の泡宇宙が生まれるという連鎖は、マルチバース理論が正し

いとすれば、必然的に起こっていることである。

ということは、我々の宇宙がそもそもの元祖親宇宙であるという確率はきわめて低いであろう。

親から子へ、子から孫へと生命が次々に子孫を残していくように、宇宙も次々にその内部に子供宇宙を誕生させているのだとしたら、我々が現在いる宇宙もその一つに過ぎないことになるであろう。

さて、この子供宇宙の点Qから見る光景であるが、１８０度離れた方向１００億光年に見えるのは、時間$t'=0$、すなわち宇宙の誕生の瞬間である。

子供宇宙のミンコフスキー空間の$t'=0$（誕生の瞬間）の空間（軸）は、親宇宙から見ると子供宇宙誕生の瞬間（$t'=0$）から無限の未来へと延びている。つまり、親宇宙から見て、時間の経過とともに膨張していく子供宇宙のコーン形をした円錐面（縁）は、子供宇宙から見ると、すべて時間$t'=0$のビッグバンの瞬間なのである。

これで我々が見る１３８億光年彼方の宇宙の果てが、東を見ても西を見てもビッグバンの瞬間である謎が解けるであろう。

ビッグバンは一点から始まったが、にもかかわらずビッグバンの瞬間は無限の広さを持っていいるのである。一点から始まったはずのビッグバンの瞬間が、なぜ180度逆方向の138億光年彼方に見えるのか。それは我々自身の宇宙もまた、別の親宇宙から生まれた子供宇宙であるからなのである。

我々は138億光年彼方にビッグバンの光景を見るが、それは360度あらゆる方向に等方的に見える。すなわち、我々から見ると、ビッグバンは一点ではない。ビッグバンの光景はあらゆる方向に見えるのである。

親宇宙と子供宇宙、どちらが過去か

さて、ここで我々はもっと根本的な疑問を発することになる。

それは、子供宇宙が親宇宙から生まれたものだとするのなら、親宇宙の存在は子供宇宙の存在より絶対的に過去なのではないか？

ミンコフスキー空間における時間経過がどのようなものであれ、親宇宙が存在しなければ子供宇宙は存在できないのだから、親宇宙の存在は絶対的に子供宇宙より過去でなければならない。

もちろん、**孫宇宙**は子供宇宙が存在しなければ生まれないから、親↓子↓孫……という絶対的な時間配列が存在するのではないか。

しかし、冷静に考えてみるならば、確かに親→子→孫……という順序、あるいは配列は変更できないものかもしれないが、その順序関係に時間の経過を重ねる必然性があるのだろうか。

たとえば、もっと身近な（とも言えないが）ブラックホールに落ちていく人の例を考えてみよう。

ブラックホールの重力の影響を受けない遠方からブラックホールに落下していく人を観測すると、第3章で見たように、その人の時計は重力場が強くなると遅れ始め、ブラックホールの表面で止まってしまう。つまり、永遠の時間を待っても、その人はブラックホールに落ち込まない。

ところが、ブラックホールに落ちる人の立場に立つと、彼はいとも簡単に、まるで何の障壁もないように、ブラックホールの中に入ってしまう。

このとき、ブラックホールの内部にいる人の時間と、ブラックホールの外で永遠の時を待っている人の時間は、どちらが進んでいるのだろうか。

このような問いかけは無意味である。

落ちる人とそれを観測する人は、異なる時空に存在しているのだから、二人の時間の後先を議論することは無意味なのである。

まったく同様に、親宇宙と子供宇宙のそれぞれの内部にいる人同士の時間の後先を議論することは、無意味なのである。

この二人の時間の後先が議論できるのは、二人が同じ時空において再会したときである。親宇宙にいる人と子供宇宙の中にいる人が出会うということはあり得ないであろうし、ブラックホールの中に入った人が外の人とふたたび出会うことはないであろうが、しかし万一そういうことが起こったとしたら、確かに二人は再会までの時間経過について確認し合うことができるであろう。

しかし、このとき確認し合う時間は、決して絶対的な時間の比較ではない。それはあくまで、それぞれの人の主観的時間の経過を比べるだけのことに過ぎない。

時間の流れはどこにある

時間と空間は、ニュートンが考えたような独立した静的なものでは決してない。

一般相対論は、時間と空間が理論による枠組みを崩さない範囲で、いかようにでも変化する変幻自在の枠組みであることを物語っている。

そして、このような物理的時空は、我々が内的に持っている時間と空間の概念とは似ても似つかないものであることが分かるであろう。

物理的宇宙の枠組みの中では、時間は流れてはいないのである。

宇宙に存在するあらゆる事象は、時間と空間を指定することで決まる。しかし、時間と空間の指定は、まずどの観測者によるものであるかを指定しないかぎり決まらない。ある事象Xの時間配列がA→X→Bであるような座標系では、時間はA→X→Bのように流れるが、別の座標系ではC→X→Dのように流れる。観測者を決めないと決まらないような時間の流れが、普遍的なものであるはずはない。

つまり、時間の流れは、ミンコフスキー空間の中にはないのである。

それでは、時間の流れはどこにあるのであろうか？

あらゆる物理法則を総動員しても、時間の流れを客観的に導くことはできない。

客観的に存在し得ないものが存在するのだとしたら、それはどこに存在するのであろうか？

答えは明らかである。

それは主観の中にしか存在し得ないのではないか。

古今の多くの哲学者が唱えてきたように、座標としての時間ではなく、流れの中にある時間は、自分という主観の中にしか存在しないのである。

20世紀初頭の哲学者ジョン・マクタガート（１８６６～１９２５）が唱えた**A系列時間**とは、まさにこの主観的時間であった[1]。

我々のSF的思考実験も、どうやら客観的物理的時間の領域から主観的時間の領域へと進む段階に来たように思う。

こうした時間と空間の探求は、すでに拙著『時間はどこで生まれるのか』と『空間は実在するか』の中である程度進めてきたことであるが、あらためて視点をさまざまに変えながら時間と空間の探求へと進んでいこう。

次章では、モノが動くとはどういうことなのかについて考察する。

モノの動きとは、時間の経過と共にモノの位置が変化することである。これを物理学では速度と呼ぶが、速度とモノの動きの間にどのような関係が成立するのか。
速度という物理量の本質は何なのか。このことをSF的発想で追究してみることにしよう。

注：本章で述べたマルチバースの描写の主要なところは、『なぜ宇宙は存在するのか　はじめての現代宇宙論』（野村泰紀著　講談社ブルーバックス　2022年）に拠っている。[2] 詳しくはそちらを参照いただきたい。

第5章　ゼノンのパラドックス

「時間は実数」「空間は虚数」は入れ替えできるか

前章までで相対論が示す我々の宇宙の時間と空間の枠組みを概観したが、それは我々の常識とはまったく相容れない奇妙なものであった。

特殊相対論が示す単純な（？）時間の遅れや空間の縮みが、一般相対論ではより複雑な様相を呈してくるのである。

相対論の出発点は、光速は誰から見ても秒速30万キロメートルという一定値をとるということだったが、じつは加速系では光速は変化する。ブラックホールの表面のように、光は止まることがあるし、逆に無限に速くなることもある。

さらには、ある観測者がある事象を見たとき、有限の時間の経過であるのに、別の観測者から見ると、無限の時間が経過していることもある。

すべては、それぞれの観測者が「背負っている」座標系が別々の時間を刻み、別々の空間を形成するからである。

そしてときに、時間軸と空間軸が反転することさえある。

時間と空間は宇宙の基本的な枠組みであるが、時間軸は実数、空間軸は虚数というのが相対論の主張である（そして観測的にそれは正しい）。ただし、数学的には、実数と虚数を入れ替えて、時間を虚数、空間を実数としても、相対論の枠組みは変わらない（じっさい相対論のテキストには、このような設定で書かれたものもたくさんある）。

スティーヴン・ホーキング（1942〜2018）は**虚時間**※という概念を提唱したが、それは時間軸と空間軸が逆転した宇宙（たとえばブラックホールの内部）のことであろう。

※ホーキングの言う「虚時間」とはいったい何なのか。これは難解で、いろいろ解説を読んでも明確なところは分からない。しかし、元をただせば、ミンコフスキー空間が実数と虚数でできていることに起因するであろう。本書でも一貫して、時間は実数、空間は虚数としてきた。それゆえ、時間と空間を入れ替えれば、虚時間という概念が生まれる。「一次近似」としては、これでよいのではなかろうか。ホーキングの著作が難しいと思われたなら、竹内薫著『ホーキング虚時間の宇宙』（講談社ブルーバックス 2005年）をお勧めする。[1]

ホーキングが何を考え、何を想像していたかは、筆者などにはとても想像も理解もできないが、時間と空間が逆転する宇宙というものが理論的には存在しうるということは納得せざるを得ない。

常識的に考えて、そのような逆転宇宙に我々が身を置くことは不可能であろう。単純素朴に考えて、実と虚が逆転した宇宙に生命が生命として存在することは無理であるように思われる。想像力が乏しいと非難されるかもしれないが、生命が存続しうる地球表面の稀な環境が、そのような異世界で実現されるはずもない。

単純に思考実験すれば、ミンコフスキー空間の時間軸と空間軸が入れ替わった世界に我々が身を置けば、実数である空間軸を我々は時間と見なし、虚数である時間軸を空間と見なすのではなかろうか。ただ、そのような世界に時間の流れを意識できる生命が存在しうるのかという疑問が起こるのは当然であろう。

また、時間は1次元なのに空間はなぜ3次元なのかという疑問も残る。もし、時間軸と空間軸が入れ替わり、1次元空間の中で3次元の時間が「流れる」ということになると、そのような宇宙を我々は想像することさえ不可能になる。

科学と哲学の交差

ところで、このように相対論的な時間と空間が、我々の直感的な常識とはまったくと言ってよいほどかけ離れていることは、何を物語るのであろうか？

たとえば、原子という概念を、相対論的な時間と空間と比較してみよう。

原子が実在することは、今や客観的事実と言ってよいであろうが、20世紀になるまでは原子の実在性は必ずしも確実なものではなかった。原子の構造や振る舞いを説明するには量子力学が必要であり、量子力学自体がまだ完全に完成された理論ではないが、それでも我々は、この物質世界の最小単位が原子であることに、それほどの違和感を覚えないのではないだろうか。

そもそも、古代ギリシャのデモクリトス（紀元前460頃～紀元前370頃）は2000年以上前に、この世界の最小単位は原子（アトム）であると予言していた。デモクリトスの原子論はすべての哲学者に受け容れられたわけではないが、それでもそれは注目に値する、そして充分に説得力を持つ理論であった。

つまり、たとえ原子という微小な粒子を我々が直接感知することができないとしても、この世界は微小な無数の原子の集合であるという考えは、我々の常識の範囲内で納得することができるのである。それは実験的に証明されたかどうかという問題ではなく、あくまで我々の日常常識を根底から覆すような「思想」とは思えないわけである。

もっとも、探求が原子の内部にまで及んでくると、そこには我々の常識と相容れないさまざまな現象が現れてくる。量子力学の世界である。しかし、そのことはとりあえずおいておくとして、まずは時間と空間について考えてみよう。

時間と空間は、我々が直接感じることができる（と信じている）この世界の基本的枠組みである。それは原子のような抽象的なものではなく、日々の生活の中で、カントが言うように「ア・プリオリ」に我々が認識している概念である。

ところが、特殊相対論を超えて一般相対論の世界まで足を踏み入れると、第4章までで見たように、この基本的枠組みである時間と空間が我々の日常常識とは比べられないほど異質なものであることが分かる。

つまり、ここまで来て、我々は空間はさておき、とりわけ時間の実在性ということに疑問を持たざるを得なくなるのである。

我々が直感的に持っている時間概念は本当に実在するのだろうか。

古今東西、哲学者は時間の実在性について思いを巡らせてきた。

しかし、時間が明確に定義できない概念であるうえに、実在という言葉が意味することも明瞭でないため、「時間の実在性」という問いは二重に曖昧《あいまい》なものになる。

哲学者・大森荘蔵（1921~97）は「色即是空の実在論」※という小論の中で、そのあたりのことを興味深く語っている。[2]

※大森は、過去は実在するかという問いに対し、過去実在は想起経験からしか与えられないとし、これを「色即是空の過去」と呼ぶ。我々が生きていくためには、ほどほどの実用的実在論の立場を取らざるを得ないのである。もっとも、我々は第7章で、より過激な実在論についても考察することになる。

大森は物理学を学んだ後に哲学に転向した人なので、その論理展開や語り口は、筆者にはわりと腑《ふ》に落ちるものがある。

ただ、ここではあくまでSF的思考実験というかたちで、自由奔放にあれこれ考えてみることにしよう。

相対論における時間と空間は、ある事象が存在する位置を指定する「物差し」である。これは相対論だけのことではなく、ニュートンの力学においてもそうである。そもそも物理学における時間と空間は、宇宙という器の中に存在する事象の位置を指定する「物差し」に過ぎないのである。

それゆえ、基本的には過去と未来は区別されない。ただ、位置を指定するには、まず座標の原点を決めなければならない。要するに、グラフ用紙に一本の線（連続した線であれば、直線でも曲線でもかまわない）を描き、原点Oを指定する。そして「向き」を決める。

しかし、物理学的な立場で言えば、向きの決め方には必然性は何もない。つまり、物理学では過去と未来は完全に対称である。

原点（現在）を決め、過去と未来を分けるところに、物理的時間と哲学的、あるいは人間的時間との乖離《かいり》が生じる。過去→現在→未来という分類は、物理学によって創られたものではなく、我々の直感が創り出したものである。我々は物理学を知る前から、過去→現在→未来を体験し、理由は分からないが、その意味を身をもって知っているのである。

一般相対論を是《ぜ》とするならば、現在という時刻はどこにも存在しない。あるいは、時間軸上のあらゆる点が現在であるとも言える。

一つの座標系を背負った観測者がいるとすれば、その観測者がいる位置がその観測者にとっての現在である。

そのような観測者は無限に存在することが可能だから、この宇宙に現在という位置は無限に存在することになる。

要するに、相対論的立場であれ、ニュートン力学的立場であれ、物理学において現在という時刻に特別な意味は何もないということである。

はっきり言ってしまえば、現在という時刻に特別な意味を持たせる存在は、自分という主体以外の何ものでもないのである。

物理に「動き」はない

大森は**ゼノンのパラドックス**を例に挙げて、「運動（変化）はただ現在経験にのみ所属するものであって、時間軸とは何の関係もない」（『時は流れず』青土社　1996年）と喝破《かっぱ》する[3]。

ゼノンのパラドックスはつとに有名だから読者諸氏もおそらくご存じであろうが、念のために簡単に考察しておこう。

トロイ戦争の英雄であるアキレスは有能な戦士だから、彼が亀と競争して負けるはずはない。しかし、もし亀が先に走り始めて（走るというよりは歩くというべきかもしれない）、その後をアキレスが追うとき、アキレスは決して亀に追いつくことはできない。もちろん、これは詭弁《きべん》であって、じっさいにアキレスと亀が競争すれば、アキレスが後ろからスタートしても、必ず亀に追いつくはずである。

しかし、ゼノンはこう主張するのである（じっさいにゼノンが言った言葉ではなく、意訳してであるが）。

「ある瞬間、亀がアキレスの前方100メートルを歩いているとする。アキレスはその100メートルをあっという間に走り抜けるが、一瞬前に亀がいた地点に到達すると、その時間の間に亀は何がしか前に進んでいるから、アキレスはまだ亀に追いつけない。そこでさらに亀を追うが、亀が直前にいた地点に到達しても、亀は止まっていないかぎり、何がしかは前に進んでいるから、必ずアキレスの前方にいることになる……。こうして、アキレスは永遠に亀に追いつくことができないことになる」

これが詭弁以外の何ものでもないことは、明らかである。なぜなら、じっさいにこういう競争をしてみると、アキレスはあっという間に亀に追いつき、追い越していくことが明白だからだ。

しかし大森は、このアキレスと亀のパラドックスの中に、時間の流れという問題の本質があることを見抜く。

アキレスと亀のパラドックスを解く鍵は、「運動」にある。

我々は、時間軸上にあるアキレスと亀を見るのではない。

我々が見るアキレスと亀は、運動している。「動いている」のである。

そして、この「動き」という概念は、物理学にはないのである。

物理学における「速度」は、「動き」ではない。

速度とは、位置の時間変化率に過ぎない。

ニュートン力学における速度とは、「瞬間速度」のことであるが、瞬間速度というものはないことが、量子力学で明らかにされている。

なぜなら、瞬間速度とは、極限的に短い時間の間に変化する物体の位置の変位から極限値として計算されるが、量子力学には極限的に短い時間や極限的に短い距離というものは、不確定性原理によって否定されているからである。

もちろん、実用的には瞬間速度というものを定義することは可能である。不確定性原理が効いてくる時間や距離は、我々の感覚器官が識別できる時間や距離に比べて桁違いに小さいからである。※

いずれにしても、物理学の中に「動き」はない。「動き」は「私」という主体の心の内にあるのである。

※もっとも、人間の感覚が量子論的変化を識別できるという説もある。たとえば、我々の網膜は量子論的存在である1個の光子を感知できるらしい。時間間隔や空間的距離の識別には限界があるが、1個の光子が網膜に当たった刺激は、神経細胞が検知するのである。光子と細胞の相互作用は量子現象であるが、その信号がおそらく細胞内で増幅されるのであろう。光子の認識に限らず、我々の知覚感覚器官はかなり高度な量子器官であるのかもしれない。

現在経験と境界現在

「動き」というものを知っている我々は、アキレスが亀を造作もなく追い抜いていく場面を何の疑いもなく認めることができる。

ではなぜ、我々は「動き」を知るのであろうか？

大森は「『時間の流れ』とは結局のところ内容空虚な錯誤であると断定せざるを得ない」と述べ、その錯誤は「『現在経験』と『境界現在』との混同」から来ると言う。

哲学論議は分かりにくいが、彼はそれを分かりやすい図で説明する（図5－1参照）。

図5－1aは物理学的な時間軸である。図のように時間軸上に点で示された現在は、彼の言う境界現在である。それに対して、図5－1bの現在は、現在経験における現在である。

つまり、我々が経験して現在と思っている現在は、時間軸上ではある幅を持っており、物理学における時間軸上の一点ではないのである。

我々がモノの「動き」を知るのは、結局一点ではない幅のある現在を同時と思って体験することによることから生じているのである。

これは当たり前のことであって、時間軸上の一点からモノの「動き」を知ることなどできるわけがない。ある時間幅を同時に体験し、その時間幅の中で事象が位置を変える、それを我々は「動き」として捉えるわけである。

結局、大森の結論は、物理学的な時間の中に時間の「流れ」はないということである。それを言い換えれば、時間の流れを生み出しているのは、我々が「現在経験」として体験する有限の幅を持つ時間の中における「モノの動き」に対して、それを時間の流れである

図 5-1 「現在」とは何か

a 物理的な時間軸での現在

現在は、時間軸上の一点で定義される。

b 大森荘蔵が示す現在

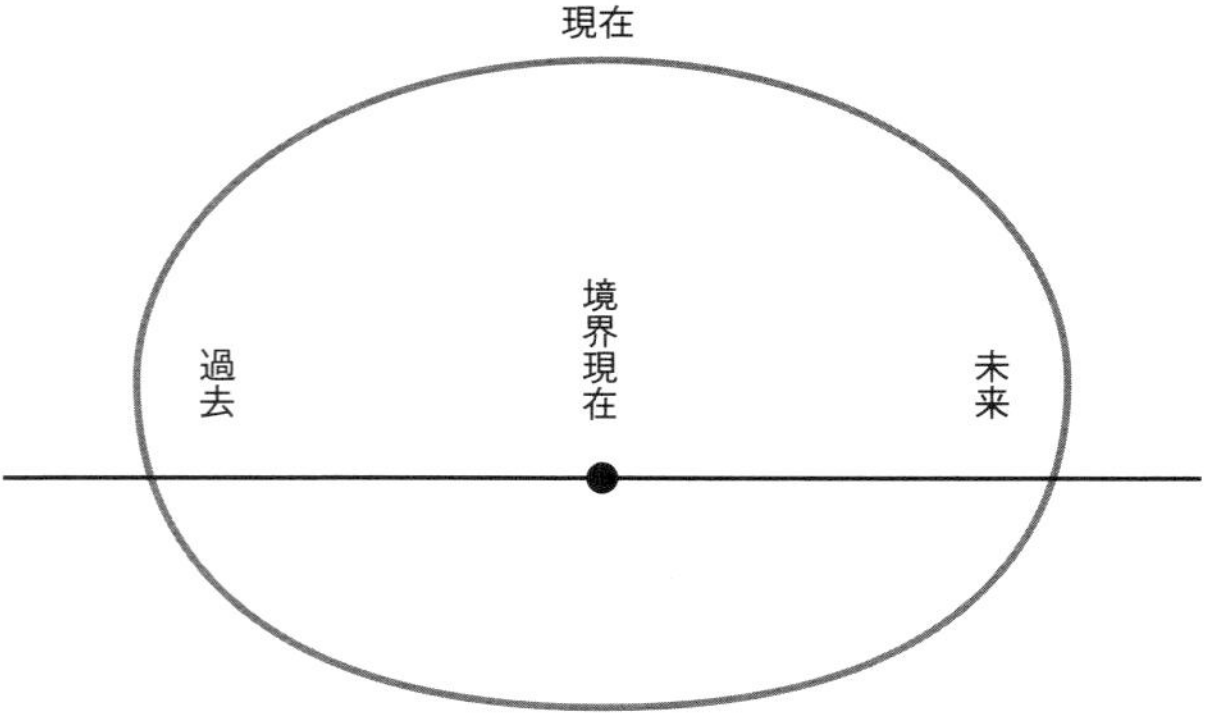

我々が経験する現在は、有限の幅を持つ時間軸上の領域である。

かのような錯覚をしていることによるものだ、ということになるであろう。

この結論には筆者もまったく同感であって、物理学の法則の中に時間の流れを想起させるようなものがほとんどないことと符合する。

「ほとんどない」と述べたのは、唯一、熱力学におけるエントロピー増大の法則が時間対称性を破っているからである。このことをどう解釈するか。これについては、また章をあらためて第8章で考えなければならないであろう。

しかし、まずは「時間の流れ」を物理学から切り離し、それを我々の「現在経験」という抽象的・哲学的概念の中でどう説明できるのか（あるいはできないのか）、その考察を進めていく必要があるだろう。

次章では記憶という観点から、そのことを考えてみたい。

第6章　記憶が「動き」を創る

「動き」は生命だけが感知する

我々は「時間が流れる」という表現を当たり前のように使うが、よく考えてみれば、これほど意味不明な表現はない。

たとえば、川の流れというのは、よく分かる。川の流れとは、川の水が上流から下流に向かって動く状態である。

車の流れとは、道路を埋めている車の群れが、ある方向に向かって動いている状態である。

流れとはモノの動きである。時間はモノではないから、時間が流れるという表現は、どう考えてもおかしいのである。

にもかかわらず、我々はなぜ「時間の流れ」という表現を当たり前のように受け容れているのであろうか。

それはおそらく、モノが動くとき、そこには必ず時間の経過があるということを我々がよく知っているからであろう。

つまり我々は、モノの動きによって時間を知るのである（日時計から原子時計まで、時計はまさにそういう装置である）。

川の畔《ほとり》に住んでいる人が、毎日、川を流れていく木の葉を見て、何を感じるであろうか。木の葉は上流から下流へ動いていく。逆は起こらない。それは木の葉の特性であろうか？否である。それでは川の水の特性であろうか？　そうかもしれない。しかしひょっとすると、もっと奥深い、目に見えないところに、つねに一方向に動いている何かがあるのかもしれない。

時間はこのようにして発見されたのではなかろうか？

すべてのものがつねに静止している世界に身を置いた人が、時間の存在を発見するのは至難であろう。

我々は時間というものをよく知っているように思っているが、じつは時間についてほとんど知らないのである。

我々が時間の経過と思っているものは、モノの動きなのである。

それでは、我々はどのようにしてモノの動きを知るのか。

この問いに答えるためには、一つの大きな仮定が必要である。

それは「モノの動きを感知するのは、生命だけである」という仮定である。

これには強い反論が予想される。

もし、地球に生命が誕生していなかったら、地球は太陽の周りを動いていなかったのか？

ほとんど反証不能に思える反論である。

しかし、もし人間が、生命が存在しなかったら、「動き」はどこに存在するのだろうか？

相対論が正しく、空間と時間はこの宇宙の基本的枠組みであるとするなら、空間（軸）に物体が連続的に存在するように、時間（軸）にも物体は連続的に存在するであろう。時間軸上にも物体が連続的に存在するとき、我々がそれを見るなら、それは動いていると感じるであろう。

しかし、「動き」を感知するのは生命であり、人間であって、ミンコフスキー空間の中に動きはない。ミンコフスキー空間に存在するのは、モノの世界線だけである。

地球は太陽の周りを動いているが、それを動きと感知しているのは我々人間（と宇宙のどこかに存在しているかもしれない生命体）だけである。地球は、ミンコフスキー空間の中で太陽を取り囲むらせん形をした世界線として存在するだけである。

すべての生命は（地球の動きこそ知るよしもないとしても）、自分を取り巻く環境がつねに動

図 6-1　（図 5-1b 再掲）大森荘蔵が示す現在

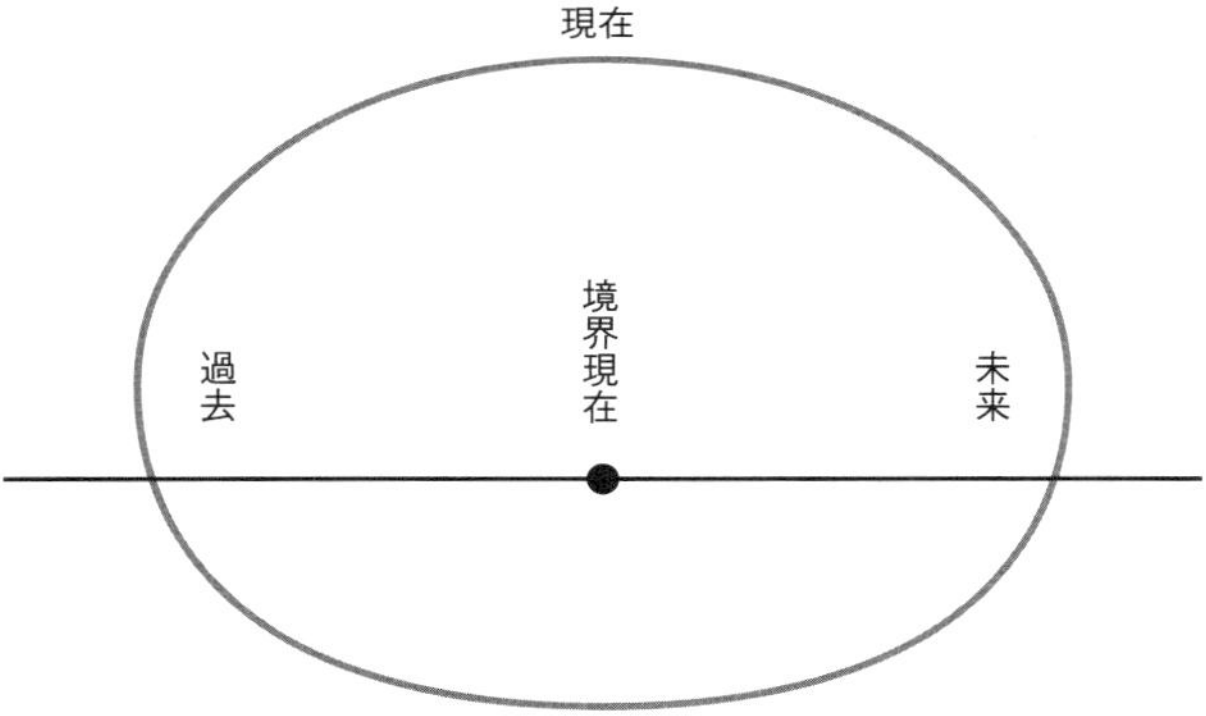

いていることを感じ取っているはずである。生きるということは、餌を求めることであり、敵から逃げることであるから、餌の動き、敵の動きを察知できなければ生きていくことはかなわない。外界の動きを察知することこそ、生きるための必須条件であろう。

「動き」は記憶が創り出す

それでは、元に戻って、我々はどのようにして動きを察知するのであろうか。

前章でも紹介した大森の『時は流れず』で、彼はこうも述べている。「運動は現在経験のみに帰属するのであって、過去と未来は運動とは無関係である」と。そして、現在経験は、時間軸上の現在という一点ではなく、過去と未来に

（わずかに）拡がりを持った領域に存在するのである（図6－1）。

人間に限らず、生命はきわめて複雑な構造を持った分子集団であるから、一個の生命個体が今現在体験している時間が、ミンコフスキー空間の時間軸上のただ一点ということはあり得ないであろう。分子集団は空間的にも拡がりを持っているから、時間的にも拡がりを持つということは、むしろ当然のことであろう。

つまり、我々が「今、この瞬間」と感じている感覚にもある程度の時間幅があるということである。

しかし、時間幅があるということだけで、動きを察知できるという論理には飛躍がある。「動き」を感じるためには、何かもうひとひねりの「装置」が必要なのではなかろうか？

もったいぶらずに、筆者が想定する「装置」について述べよう。

これは、前著『空間は実在するか』でも言及したことなのだが、我々に動きを感知させる装置は「**記憶**」ではないだろうか？

一つの仮説に従って、我々がモノの動きを察知するシステムがどのように機能するのかを思考実験として述べよう。

ある瞬間（とはいえ、これにも短い時間間隔がある）、我々の知覚、たとえば視覚が、モノの位置を捉える。これは生の体験である。この体験は知覚細胞を経て記憶領域へ送られる。生の直接の映像ではなくコピーとしての映像が記憶領域に貯め込まれる。もちろん、この操作にも短い時間幅が必要である。こうして貯め込まれた記憶画像は、次の瞬間、視覚が捉えた生の画像と対比させられる。

我々の視覚には、一瞬過去の記憶画像と今現在の画像が同時に喚起されることになる。

映画はなぜ動いて見えるのか

このことを理解するには、映画のフィルム画像を想起してもらえればよいだろう。

我々が見ている映画の画像が動いて見えるのは、一瞬前に見た画像の残像と今現在見ている画像を同時に見て比較するからである。

我々は自分の記憶領域にある一瞬前のモノの位置と、今現在知覚しているモノの位置を同時に見て比較し、それによってそのモノが動いていると感じる。

今、現在、見た画像が瞬時に記憶となり、新たにやって来た現在の画像とだぶる。

このとき我々は、この二つの画像のだぶりを動きとして感知するのである。

この記憶を媒体とするモノの動きの感知には、もう一つの重要な機能があるように思える。

今現在の画像（感覚）と一瞬前の記憶の画像（感覚）との連鎖が、統一された自己というものを形成する機序となるのではないか。

物理学的に言えば、ある瞬間における「自分」と別の瞬間における「自分」は、別の存在である。

一本の細長い棒を考えると、その棒の一端と反対側の一端は、空間的に別の存在である。にもかかわらず、それは一本の棒であり、一本の棒として空間的に連続している。同じように、過去の「自分」、現在の「自分」、未来の「自分」は時間的に別々に存在している。しかし、そこには「自分」という共通の芯があり、一人の自分が時間的に連続して存在している。これは一本の棒が空間的に連続していて、他の存在と区別されるようなものである。

それらは同じものと言うよりは、連続体と言うべきかもしれない。

しかし、そこに記憶というものが付随すれば、どうであろう。

過去の名残りが現在の自分の中にあり、現在の「生」の経験は「未来の記憶」として定着する。このような連鎖が続いていれば、それは自分というものが、一本の棒以上の特別の存在になるのではなかろうか。

「未来の記憶」は存在し得るか

ここで早まってはいけない。

重大な見落としがある。

確かに、記憶は過去と現在をつなぐ強固なリングである。これによって、我々はモノの動きを知るのである。

そこまではよい。

しかし、なぜ記憶は過去でなければならないのだろうか。

これまでの考察では、記憶が過去の映像であることを何の躊躇《ちゅうちょ》もなく認めてきた。そこには、過去→現在→未来、という時間の向きが暗黙のうちに前提とされている。時間が過去と未来に対して対称的であるなら、なぜ「未来の記憶」というものがないのであろうか？

ミンコフスキー空間の時間軸の未来の事象が記憶され、それが現在の生の事象とともに体験される、ということがあってもおかしくないのではなかろうか？

ところが、我々はそのような時間を逆回しした映像を見ることは決してない。

つまり、「未来の記憶」というものは、少なくとも我々（人間および生命）にとって存在しないのである。

その原因を相対論に求めることはできない。相対論における時間の中に「向き」や「流れ」を暗示するものは何もない。相対論では時間と空間は対称的であり、時間は空間と入れ替わることもあることを前章までで見てきた。

相対論における時間と空間は、この宇宙の単なる枠組みでしかなく、それも観測者によっていかようにも変化する、いわば変幻自在の網目のようなものなのである。

結局、過去→現在→未来という時間の「流れ」を相対論的な宇宙の中に求めることはできないことが、あらためて明らかになったと思う。

時間の流れがミンコフスキー空間の中にないとすれば、それが存在する場所は、我々の「心の内」※であると考えるのが、もっとも合理的な考え方ではないだろうか。

※もっとも、「心の内」と言うとき、本書ではそれは観念論的な世界、あるいはさらに進んで、心霊的世界のことを言うのではない。多くの人は心霊的世界を信じている。それゆえ、そう

いう世界は決して存在しないのだ、というような唯物論的主張をするつもりはない。

霊魂や心霊現象を信じるか、信じないかは、その人の体験に大きく依存しているのではないだろうか。一度でもそのような経験をすれば、霊的世界の存在を信じたくなるであろう（残念ながら筆者は生まれてこのかた、そのような体験が一度もないので、信じろと言われても、その気にならないのである）。

生命のネットワークが「時間の流れ」を生み出す

さて、ミンコフスキー空間に存在する観測者もまた、無数の原子の大集団である。それゆえ、観測者自身が空間軸と同時に時間軸についてもわずかな拡がりを持った存在である。すなわち、我々の「心の内」とは、この無数の原子の大集団が持っている一つのまとまりを持った有機的なネットワークと言ってもよいのではないだろうか。

どのような単細胞生物であっても、それが生命であるかぎり、「自己」という主体を持っているように見える。デカルトは、人間以外の生命は機械だと言った。確かに、生命は分子機械である。しかし、生命は「自己」を持つ分子機械である。

本章の結論へ急ごう。

本書の目的の一つは、大きな枠組みで言えば、「速度」とは何か、「光速」とは何かの追究である。

つまり、この宇宙は時間と空間の相対論的枠組みを持っているが、そこに動きはない。相対論では「速度」とは世界線の傾きである。光速はまさにミンコフスキー空間における45度の傾きを持った世界線のことであった。我々は光速を超えることができないという事実を、直感的に理解できない。その理由は、我々は「速度」を世界線の傾きではなく、「動き」として捉えるからである。「動き」なら、どんどん速くしていけば、どのような超光速も実現できるのではないか。そんなふうに思ってしまうのである。

そこで、「動き」とは何かと問いたくなったわけである。

さらに、「動き」は「時間の流れ」と表裏一体であることに気づく。時間の流れが相対論の中にあるのなら、ミンコフスキー空間に描かれた世界線は向きを持たねばならない。あるいは、何らかの時間的非対称性が時間軸と空間軸の関係の中に存在しなければならない。

我々の心の内では、時間は流れているが、それを川の流れにたとえるならば、川の水は上流から下流へと変化しなければならない。

同様に、ビッグバンの瞬間と現在の宇宙を見比べてみるならば、ビッグバンが源流であり、現在の宇宙は時間の流れのもっとも下流に存在することになる。現在より下流は存在しない。なぜなら、未来は存在しないからである……ということになる。

このような「奇妙な」相対論を再構築することは、不可能であるように見える。

それよりももっと「容易な」時間の流れを創る方法があるように思える。

それは、生命という時間と空間の狭い領域を占める完結したネットワークを考え、そのネットワークが「時間の流れ」を生み出しているのではないかというものである。

もちろん、それら個々の生命が創る時間の流れは、他の生命が創る時間の流れとは直接的には無関係のものである。

しかし、完全に無関係かと言えば、そうではない。

そしてエントロピー？

その理由は、個々の生命が無数の原子の大集団である、という点にあると思う。

一つひとつの素粒子の相互作用は、完全に時間対称であるように見える。原因と結果、そして因果関係は、完全な時間対称の中でその意味を失う。Aという事象とBという事象が、ある因果関係で結び付いているとき、我々の世界では、原因はAで結果はBであると疑いなく結論付けるが、素粒子の世界ではAが原因でBが結果であるなら、Bが原因でAが結果である、と言っても、何ら矛盾はないのである。

以上の思考実験の中からはっきりした結論が見えてくるであろう。

時間の流れが生まれてくるそもそもの原因は、無数の原子集団の配置に確率的な非対称性が存在するためではないだろうか。

そう、エントロピーである。

エントロピー増大の法則は、まったくの物理法則である。そして、孤立系ではエントロピーは時間の経過とともに増大する。

そのことから、エントロピー増大の法則の中に時間の流れがあるように見えるのであるが、それは皮相的な見方に過ぎない。

話が進み過ぎたようである。

本章では、記憶がモノの「動き」を作り出すということを見た。

しかし、それだけでは過去から未来へという時間の流れを説明することはできない。そこには、やはりエントロピー増大の法則が何らかのかたちで絡んでいるように見える。

エントロピーと時間の流れについては、第8章であらためて、生命の誕生と進化とも結び付けて、いろいろな角度から思考実験を工夫してみたい。そうした考察の中から、生命とは何か、生命はなぜ誕生したのか、といった生命誕生の意味を探っていくつもりである。

しかしその前に、次章で実在とは何かという、より根本的なある意味、哲学的な問題について、再度、考察してみたいと思う。

第7章　世界は「関係」でできている

「関係」の意味

本章のタイトルは、カルロ・ロヴェッリの著書の邦訳名（原著 *Helgoland*）から拝借することにする。[1]

本書の基本的立場はＳＦ思考実験である。厳密な科学的実験によって客観的事実を積み重ね、新たな科学的真理を構築しようなどという大それた野望を抱くものではもちろんない。そうではなく、思考実験というＳＦ的手法によって、大いなる知的空想の翼を拡げ、知的冒険を楽しもうという空想科学「小説」、すなわちサイエンスならぬサイエンス・フィクションなのである。体裁はノンフィクションのかたちを取っているが、筆者の力点は科学的フィクションであることに、ここまで読み進まれた方々には同意していただけるであろう。

カルロ・ロヴェッリの著書であるが、まことに面白い。

４００年の昔、ルネ・デカルトは『方法序説』において、「我思うゆえに我あり」という命題を出発点に「神の存在証明」をなした。デカルトの論法のテコとなったのは、「私がそれを疑ういかなる理由ももたないほど、明晰《めいせき》にかつ判明に、私の精神に現れる」（『世界の名著22『デカルト』野田又夫訳 中央公論社 1967年）ものだけを真理と見なす、という手法である。

もし、物理学が19世紀末までの状態に留まっていたなら、このデカルトの手法はきわめて有力な真理発見の哲学的手法であったであろう。

電子はどこにあるのか

たとえば、1個の電子を観測したとする。

その電子が、ある瞬間、どこにあるかを知るには、電子が通過するであろう領域に大きな写真乾板を置けばよい。電子がその乾板を通過する瞬間、その乾板の一点から電子のエネルギーをもらって光子が飛び出す。つまり、写真乾板の一点が光る。そしてその瞬間、乾板が光った点に電子が存在したことが分かる。

同じような写真乾板をもう1枚、1メートル離れた場所に設置しておくと、1枚目の写真乾板を通過した後、この写真乾板の一点がまた光り、1個の電子が写真乾板の間を通過していったことが分かる。

こうして、我々は1個の電子が1メートル離れた2枚の写真乾板の間を通過していった

図7-1　乾板上の原子との相互作用によって、電子は「粒子」という実在になる

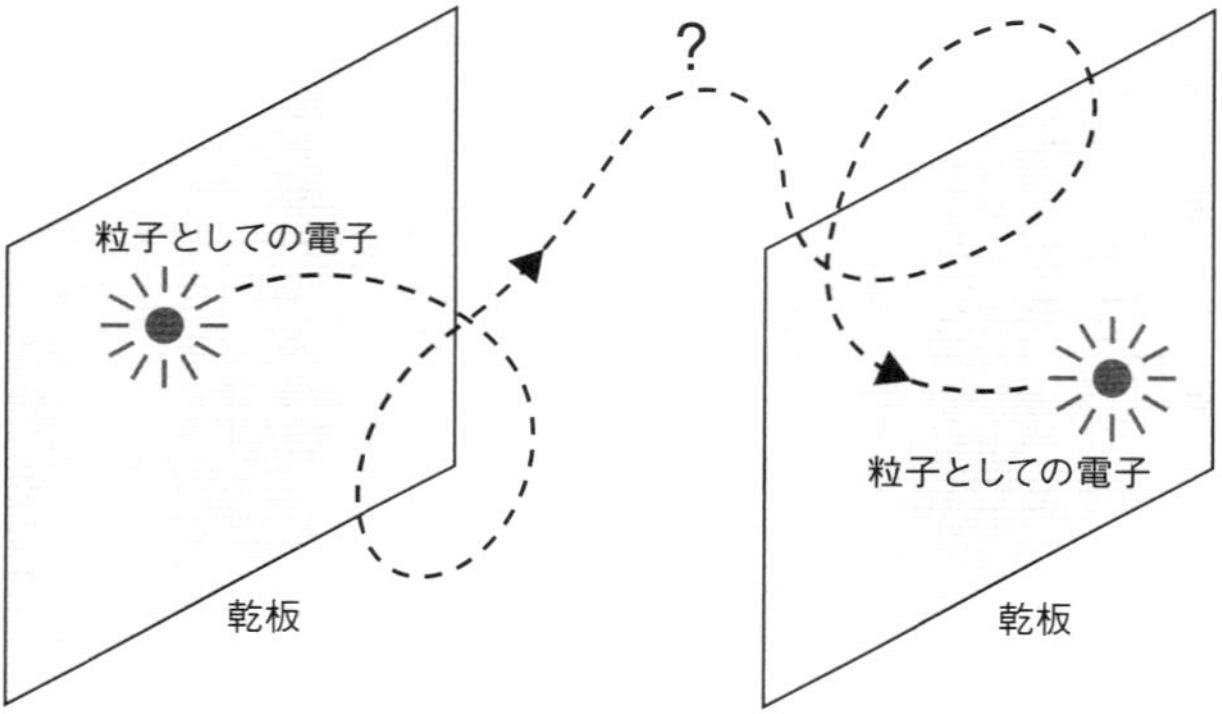

ことを知るのである。

さてここで、次のような質問を発することにしよう。

2枚の写真乾板を通過した電子は、その2枚の写真乾板の間で、どのような軌跡を描くのであろうか。言い換えれば、電子は2枚の写真乾板の間を通過する瞬間、瞬間、どこにいるのだろうか（図7-1）。

もし、電子に力を及ぼす電場や重力場がないならば、電子は二つの存在の「証拠」を残す2点を結ぶ直線上を飛翔《ひしょう》したと考えるのがもっとも合理的な答えである。あるいは電子に磁場の力が働いたとしたら、電子の軌跡は直線にはならず、一つの連続した曲線として描かれるはずである。いずれにしても、電子は2枚の乾板の間のどこかに存在するだろう。

これはデカルト的明晰判明なる事実である。

ところが、**量子力学**においては、電子などの粒子はつねに点として存在しているのではなく、確率波として存在する。つまり、２枚の写真乾板の間の電子の軌跡は、確率的にしか定められない。

もし、デカルトがこの事実を突き付けられたら、おそらく、このような状況下においては電子の位置はまだ明晰判明になっていないのだと言うであろう。

つまり、電子は乾板の間にどこかに点として存在しているのだが、それがどこであるかを決定するほど明晰判明な情報を我々は得ていないのだ、と答えるのではないだろうか。

現代においても、このような考え方をする物理学者が多くいることは事実であるが、くり返し行われる実験的事実が、こうした考えを否定するのである。

デカルト的考えの根底には、電子の本質は点状の粒子であるという思い込みがある。むろん、今では水素原子の軌道上にある電子は粒子ではなく波動として存在しているということを疑う人はいないが、それでも２枚の乾板の間にある電子は、ある瞬間、ある場所にいるはずだと信じる人は大勢いるであろう。

どこにも存在しない電子

カルロ・ロヴェッリは、まったく異なる考え方をする。

彼の考えを勝手に解釈するなら、２枚の乾板で観測された電子は、観測される瞬間以外にはどこにも存在しないのである。

写真乾板上の原子集団との相互作用の瞬間にのみ、電子は姿を現す。

もし、相互作用の相手が写真乾板上の原子集団でなければ、電子は粒子として出現しないかもしれない。たとえば、水素原子の軌道上では電子は粒子として存在しておらず、波動として存在する。

電子を粒子か波動かと問うことは無意味なのである。相互作用をする相手次第で、電子は粒子にもなり、波動にもなる。

そして、ロヴェッリはそれを極論まで突き詰める。

つまり、相互作用をする相手がいない電子は、存在しないのである。

モノが存在するということは、何かと何かが相互作用の場に立ち現れることを言うのである。何ものとも相互作用しない、単独で存在するようなものはない。それは存在ではなく、無である。

これがつまりカルロ・ロヴェッリの「世界は『関係』でできている」ということの意味である。

多くの読者の方は、この考えに同調できないであろう。当然である。

モノが存在するということは自明のことであり、それが何かと相互作用するとかしないとかとは無関係である。モノの存在は明晰判明に我々の精神に立ち現れる真理なのである。デカルト的思考は、我々がこの世界を生きていくうえで大いに役に立つ。

理性こそが人間社会を成立させている。むろん、これには異論があるかもしれないが、おそらく多くの人々がこの方法で世界を築き、曲がりなりにも人間社会を成立させているのではなかろうか。

そのことの是非は本書の主題ではないからおいておくとして、それでもなお「世界は『関係』でできている」というロヴェッリの考えは、SF思考実験としては非常に魅力的である。

実在は幻想か

前章で記憶が「動き」を創るという話をした。

これをロヴェッリ流に解釈する方法はないだろうか。

記憶が「動き」を創るという考えは論理的には自明のことのように見えるのだが、誰しもが直感的に、記憶などなくても、つまり人間や生命が存在しなくても、宇宙はビッグバンの瞬間から動いてきたに決まっていると思い込んでいる。物質が爆発し、宇宙が膨張する、ということが「動き」以外の何ものであろうか。

科学が、宇宙論が明らかにした事実は、宇宙は138億年の昔から動き続けているということである。これほどデカルト的明晰判明な事実はないのではなかろうか。

しかし、ひるがえってロヴェッリ流に考えてみると、宇宙は何との関係で動いているのであろうか。

1個の電子が単独では存在できないのだとしたら、宇宙の動きは宇宙単独で起こり得ることなのであろうか。

「お前はいったい何を言っているのか」と言われそうであるが、相対論的な時間と空間の中に「動き」はない。すべての物質は時間と空間の枠の中で世界線としてただ存在しているのであって、そこには「動き」などという正体不明の物理量はない。

我々はすべてのモノは動いていると直感的に信じているが、それはそれぞれのモノが持つ世界線と我々（人間）の存在との関係において存在しているものではないのだろうか。

電子が存在するということはどういうことなのか。それは写真乾板、あるいはもっと別の、たとえば運動量が測定できる観測装置、これらの測定装置との相互作用の結果として電子は存在しうるのである。それゆえ、測定装置が何であるかによって、電子は粒子であったり、波動であったりする。単独の電子は、粒子でもなく波動でもない。それは我々の想像の産物であり、実在とは言えないのである。

同様にして、「動き」とは時空上に連続的に存在する当の物体が、我々の視覚神経および記憶細胞と相互作用することによって生じるものではなかろうか。

我々の視覚神経と短期記憶のセットは一つの観測装置であって、このセットは物体の時空上の連続体をモノの「動き」として捉えるのである（図7-2）。

それゆえ、「電子は粒子である」というのと同じ意味において、「物体は動く」とは一面の真実であると言えるかもしれない。

図 7-2　視覚装置と短期記憶装置が、「動き」という実在を創る

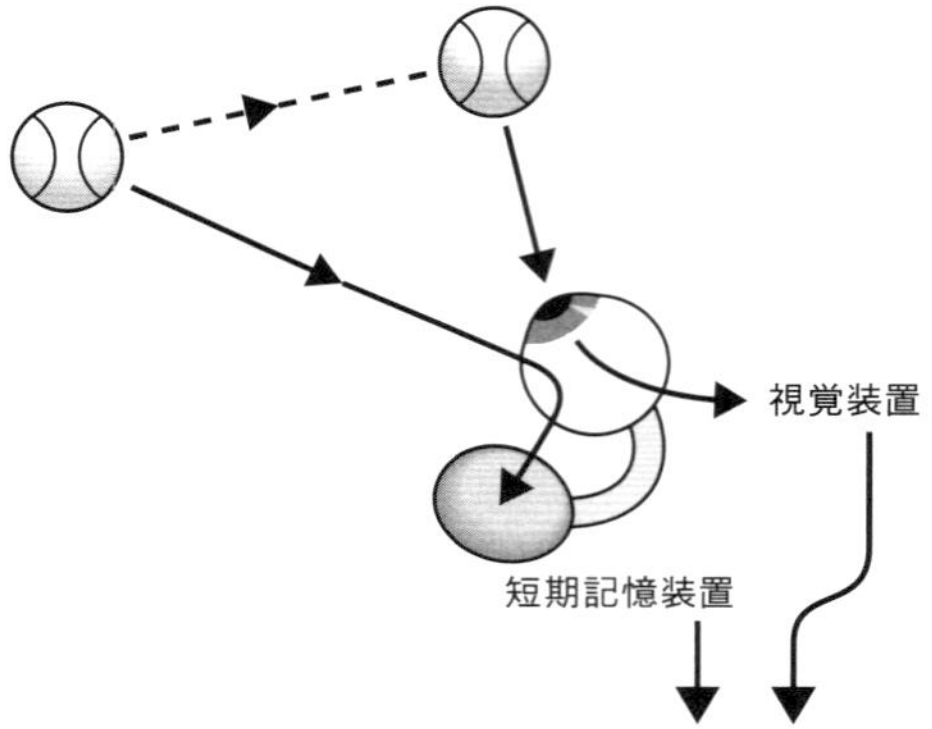

光速のイメージを改める

このように、モノの動きというものを条件付きで肯定するとして、ここに派生的に二つの新しい概念が立ち現れてくるように思える。

それは速度という概念と、時間の流れというある意味、奇妙な概念である。

まず、これら二つの新しい概念は、我々の視覚細胞と短期記憶のセットから生じるもので、決して客観的実在として存在するものではないことは肝に銘じておかねばならない。

速度とは、物理学的には単純に空間（位置）と時間の比、すなわち傾斜であって、そこに動きはない。しかし、我々はそこに「速い」「遅い」という動きのイメージを重ねる。光はこの世でもっとも速く動く存在である。しかし、ど

んなに速くても、それより速いスピードで追いかければ、追いつくことができる。我々は直感的に光速をそのようにイメージしているのである。

しかし、光速はそのようなモノの動きではない。

光速は時空の壁なのである。

このことを直感的に理解することは、たぶん不可能である。我々の視覚神経と記憶細胞という観測装置をもってしてなお、測定不可能な存在と言ってよいであろう。

さて、少し考えてみれば分かることだが、モノが動くためには時間の流れがなくてはならない。時間を止めれば、モノの動きも止まる。光は何ものよりも速く動く――ではなく、光には動きはなく、それゆえ光の時間は止まっているのである。

こうして、ロヴェッリ流に考えれば、時間の流れもまた、宇宙と「私」という観測装置の相互作用の中から生まれてくるものだということが言える。

なぜ時間があるのか、なぜ時間が流れるのか、その答えはすべて宇宙と「私」の相互作用の中から生じるものである。それゆえ、宇宙と「私」自身が相互作用している瞬間が今現在であり、それ以外の今現在は宇宙のどこにも存在しないのである。

しかし、これですべてが解決したわけではない。

時間の流れに関する重要な謎が残っている。

それは言うまでもなく、時間の流れの向きに関する謎である。

なぜ、時間は過去から未来へ向かって流れるのか。

なぜ、未来から過去への方向でないのか。時間の哲学に関する古来からの謎である。

じっさい、時間の流れが宇宙と「私」という観測装置の相互作用の結果であるとしても、宇宙の器としての時間軸に本来、非対称性は存在しない。すでに何度も言及したことだが、相対論は時間に関して完全に対称的である。この宇宙の枠組みである時間軸と空間軸の向きを逆にし、つまり時間tをマイナスtとしても、空間xをマイナスxとしても、理論は矛盾なく成立する。

そうだとすれば、時間の非対称性はどこから生じるのであろう?

それはもちろん、これまでの考察の流れからすれば、当然観測装置である「私」から生じるのだと考えざるを得ない。

我々の感覚器官と記憶装置の時間軸上の配置は、なぜ記憶装置が「左側（過去）」に、感覚器官が「右側（未来）」になされたのであろうか。

それはまさに、生命とは何かという問いと直接関わる問題であるに違いない。

そして、おそらくは前章の最後で述べたように、エントロピー増大の法則と関わる問題であるはずである。

いよいよ次章で、このエントロピーの謎、エルヴィン・シュレーディンガー（1887〜1961）が「生命は負のエントロピーを食べる」と言った、その意味を探っていくことにしよう。

第8章　今さら？　生命とエントロピー

熱力学第2法則と熱効率

シュレーディンガーの名著『生命とは何か』（原著 *What Is Life?* は1944年刊行）が出版されたのはもう80年以上も前のことであるが、それ以来、物理学の概念であるエントロピー増大の法則と生命現象には切っても切れない関係があることが認識されるようになった。シュレーディンガーは、「生命は負のエントロピーを食べる」という聞き慣れない表現で、生命現象の特異性を印象深いものにした。

これをもう少し分かりやすい言葉にすれば、「生命はエントロピー増大の法則に逆らって生きる」ということになるであろうか。

エントロピーとは、大雑把に言えば、たくさんの分子の配置の乱雑さのことである。つまり、秩序がある配列はエントロピーが小さく、秩序がない（無秩序）状態の度合いが大きいと、その系のエントロピーは大きい。

シュレーディンガー以前に、生命とエントロピーを関連付けた人がいたかどうかは定かではないが、エントロピーという概念自体は純粋な物理学の法則であるにもかかわらず、誤解を怖れずに言えば、非常に「人間的な」要素を持っている。

そもそも、熱力学の進歩は18世紀の産業革命の進行と共に起こったものである。

当時の西洋世界では、ジェームズ・ワット（１７３６〜１８１９）が発明した蒸気機関をいかに改良し、いかに効率のよいエネルギー変換機関を作るかということが最先端技術の命題であった。

エントロピーの概念も、熱機関の熱効率ということに関連して生まれてきたものである。力学的な仕事と熱エネルギーは、物理学的には同じ単位ジュール（Ｊ）で表され、仕事は熱に、熱は仕事に変換されることは、その単位名称で知られるジェームズ・Ｐ・ジュールによって明らかにされた。すなわち、力学的な仕事と熱エネルギーは、基本的には等価である。しかし、それにもかかわらず力学的な仕事をすべて熱エネルギーに変換することは可能である一方、熱エネルギーをすべて仕事に変換することは不可能である。

熱エネルギーを力学的な仕事に変換する装置を熱機関（エンジン）というが、当時の技術者たちは、熱を１００パーセント仕事に変換する熱機関の製作を目標としたのであった。

いわゆる**永久機関**※である。

※永久機関には、第1種と第2種がある。
第1種永久機関はエネルギー保存則を破るもので、何もエネルギーを補給せずに永久に仕事

をするエンジンのことである。

惑星の運動や摩擦のない振り子などは永久に仕事をしているように見えるが、これらは外部に仕事をしていない。単にエネルギー保存則に従って運動しているだけである。エネルギーのないところから仕事を生み出すようなエンジンはないというのが、「第1種の永久機関は存在しない」の意味である。

第2種永久機関は、エネルギー保存則は破らない。

たとえば、摩擦のある粗い面を滑る物体は、やがて静止する。これは物体が持っていた運動エネルギーが摩擦熱に変化するからである。このようなことは、ふつうに起こる。

しかし、この逆は起こらない。エネルギー保存則が破れているのではなく、摩擦熱は仕事に変わらないからである。

第2種永久機関は摩擦熱のような熱エネルギーを仕事に変えるエンジンである。これを別の言葉で言うと、「熱効率100パーセントの熱機関は原理的に作れない」ということになる。

摩擦で止まる物体の運動は、時間反転すると、摩擦熱が力学的な仕事をするように見える。

つまり、エントロピー増大の法則と時間の矢は密接に関係していることになる。

「熱効率100パーセントの永久機関は原理的に作ることができない」というのが、**熱力**

学第2法則の一つの表現であるが、これを別の言葉で説明すれば「**エントロピー増大の法則**」となる。

一方、**熱力学第1法則**は「孤立した系に加えられた熱量（熱エネルギー）は、その系の内部エネルギーの増加と外部にした仕事の和に等しい」と表されるが、これは**エネルギー保存則**を表している。

エネルギー保存則は、電荷の保存則と並んで、この宇宙の根本原理と言ってもよいだろう。

無からエネルギーが生まれたり、エネルギーが消滅したりすれば、この宇宙の存在自体が危うくなる。いかなる物理現象も、決してエネルギー保存則を破ることはない。

余談であるが、かつて中性子の**ベータ崩壊**※の過程でエネルギー保存則が破れているのではないかと疑われたことがあった。まっとうな物理学者なら誰もそんなことは信じないのだが、ベータ崩壊後の陽子と電子のエネルギーの和は、崩壊前の中性子のエネルギーより明らかに減っているのであった。

この謎解きから、ニュートリノが発見された。

すなわち、失われたエネルギーは、崩壊と同時に発生したニュートリノが持って逃げていたのである。ニュートリノは今でも観測が非常に難しい素粒子であるから、もしエネルギー保存則という「信念」がなかったなら、ニュートリノは発見されなかったかもしれない。

※ベータ崩壊は放射性崩壊の一つで、中性子の不安定性のため起こる。単独の中性子は半減期約10分で陽子と電子に変わる。このとき同時に反ニュートリノも放出するのだが、ニュートリノや反ニュートリノは電荷を持たず、質量もほとんど0なので、その存在を確かめることができなかった。そのため、ベータ崩壊ではエネルギーだけが失われているように見えたのである。

そういう意味で、熱力学第1法則は、「純粋な」物理法則である。
それに対して熱力学第2法則はどうであろう？
熱効率？
「効率」という言葉は、物理学よりもビジネス用語に相応《ふさわ》しいのではなかろうか。
自然が、「効率がよい、悪い」などということに頓着するはずはないのではないか。

もちろん、エントロピー増大の法則は、純粋な物理法則である。

しかし、エネルギー保存則と比べると、ある意味で、あってもなくてもよいような法則である。

エネルギー保存則が破れては、宇宙の存続は危ういであろう。しかし、エントロピー増大の法則が破れていても、宇宙は存続するのではなかろうか。

早い話が、宇宙の枠組みである時間と空間の、時間軸の向きだけを逆にすれば、エントロピー増大の法則は、エントロピー減少の法則になってしまうのである。

そして、相対論では、時間に向きはない。つまり、時間軸の向きを逆にしても、相対論はそのまま成立する。

結論を急ごう。

エントロピー増大の法則がなくては困るのは、人間を含む生命だけなのである。

効率というものを求める人間の活動が、エントロピー増大の法則を発見したのである。

人間だけではなく生命にとって、効率は生きるうえで非常に重要な要素である。効率の悪い生き方をする生命は、生存競争に負けて、やがて淘汰《とうた》される。

エネルギー保存則や電荷の保存といった基本的な物理法則がなければ、この宇宙は存在できないが、エントロピー増大の法則がなくても、この宇宙は存在できる。

それに対して、生命はエントロピー増大の法則に打ち勝たなければ存続できない。

ここがポイントである。

生命はエントロピー増大の法則のおかげで生存できているのではない。逆説的ではあるが、「負のエントロピーを食べる」、すなわちエントロピー増大の法則に逆らうことによって生存できているのである。

エントロピー増大の法則は、「人生の逆風」と言ってよいだろう。この非情な嵐がなければ、どんなにか人生は楽であろうか？

穏やかな、何もしなくても、すべてのことはうまく運ぶ、我々はその順風に乗っかっていれば、楽々と平和に生きることができる。

しかし、そんなことはできない。

人生の逆風に逆らわず、方向転換して、逆風を順風に変換したとき、我々は安らぎを見出すであろう。

しかし、それは生きることを意味しない。

言うまでもなく、それは死のときである。

我々は自然法則に逆らって生きており、最終的には自然法則に従うしかない。永遠に自然法則に逆らうことはできず、結局生命にとって死は免れることができない必然となるのである。

生命は偶然か必然か

それでは、なぜ生命は誕生したのであろうか。

もちろん、これは難問である。

しかし、有力な一つの答えを挙げるなら、それは「偶然」である。

この宇宙に生命が誕生しなければならない理由は何もない。

同じ論法を進めれば、この宇宙に人類が誕生しなければならない理由は何もない。

そして、もう一歩進めるならば、この宇宙に自分が誕生しなければならない理由も何もない。

よほどの運命論者でなければ、自分の誕生について、これは宇宙の必然であったなどと考える人はいないであろう。

一つの生命は何十億個もの塩基配列から成るＤＮＡ分子を自らのすべての細胞の中に持

っているが、それとまったく同じ塩基配列をしたDNAを持つ生命は（一卵性の双子でないかぎり）存在しない。

この論法に反論を加えるのは、きわめて難しい。

つまり、そんな偶然の一致が起こるわけがないことは、直感的に明らかである。

自分という生命個体は宇宙で唯一のものであり、自分が生まれてくる必然性は何もなく、自分がこの宇宙に今、存在しているという事実は偶然以外の何ものでもないのである。

この論法を自分という個体ではなく、人類という種に敷衍《ふえん》してみれば、人類という種は宇宙で唯一のものであり、人類が誕生し存在しているという事実は偶然以外の何ものでもないということになる。

さらに一歩進めれば、ひょっとすると生命の誕生も偶然であったかもしれない。

しかし、多くの科学者は、地球上の生命はこの宇宙で唯一の存在であるとは考えていない。人類を宇宙開発に駆り立てる有力な動機の一つは、我々とはルーツを別にする生命の存在を見つけることである。

生命の存在が偶然ではなく、必然であると考える根拠は何であろうか。

それは突き詰めれば、自然界に存在する94種類の元素と、それらが作るさまざまな構造と機能を持つ分子の存在ではなかろうか（自然界に存在する元素は92種類と考えられていたが、近年、93番ネプツニウム、94番プルトニウムが微量ながら存在することが分かった）。

原子番号1番の水素から92番のウランまでの原子は、原子核の周囲を巡る電子の振る舞いによって、多種多様な化学反応を起こす。生命現象は突き詰めれば、これらの原子間の化学反応の連鎖である。もちろん、生命にとってすべての元素が必須というわけではない。生命にとっての必須元素は二十数種類である。しかし、必須元素ではない元素が不要というわけではない。原子番号52番のテルルは必須元素ではないが、もしテルルがなければそれより大きい原子番号の元素（たとえば53番のヨウ素）は創られなかったはずである。テルルが必須元素でない理由は、たまたま地球上の生命がそれを利用しなかったということに過ぎない。

要するに、周期表を埋める94種類の元素すべてが、地球の生命の揺り籠《かご》なのである。そして、94種類の元素は、おそらく我々の宇宙を構成する物質のほとんどすべてと言ってよいであろう。

もちろん、生命の発生は簡単なことではない。

さまざまな偶然が重なり、単なる化学反応が生命現象にまで進化する確率は、きわめて小さいものであろう。

しかし、宇宙は広大であり、地球とよく似た環境の惑星は無数にあるであろうから、何億年もの歳月を経れば、アンドロメダ銀河の中にも一つや二つの生命誕生があっても不思議ではないだろう。

こうして、我々の宇宙には、けっこうあちこちに独自に誕生した生命がいるのではないか、という推測が成り立つわけである。

ここで生じる疑問がある。

我々の宇宙を構成する94種類、あるいはそれ以上の元素は、なぜ今あるような構造をしているのであろうか。

それはもちろん、原子や原子核よりさらに深いレベルの素粒子群の存在に拠っているはずである。

素粒子物理学の理論が完成していない現時点※で、それを云々《うんぬん》することはできないが、少なくとも素粒子物理学の原理がほんのわずかでも違っていれば、現在、我々が見ているような周期表上の元素は存在しなかったはずである。

※物質の究極の姿を探る素粒子物理学では、20世紀末までに標準理論が出来上がり、かなりの成功をおさめていた。また、標準理論では素粒子の質量がじっさいとは異なり0であるという問題があったのだが、ヒッグス粒子の発見でその謎も解けた。しかし、標準理論には重力の理論が含まれておらず、予想された超対称性粒子の実験も空振りに終わり、さらにはダークマターの問題も解決できず、素粒子物理学理論の完成はまだまだ先のことになりそうである。

逆に言えば、我々の物質世界を構成する素粒子の理論は、まさに生命を誕生させるために存在したと言えるかもしれない。

普遍的な物理定数や物理学の基本法則が、現在のものとほんのわずかでも違っていたら、生命はおろか、原子そのものも存在し得なかったであろう。

それゆえ、こうとも言えるのである。

我々が知る周期表に占める94種類の元素は、この宇宙に生命を存在させるために、そのような原子構造をしている。ビッグバン以来のさまざまな現象、インフレーション、星や銀河の誕生、さらにはダークマターの存在等々、それらすべては、生命の誕生を「目的」

として準備されたものなのである。

何が秩序と無秩序を決めるのか

話が飛躍し過ぎたようである。

以上の宇宙と生命の関係については、次章でさらに一歩進んで考えてみることにする。

生命とエントロピーの話に戻ろう。

熱力学第1法則、すなわちエネルギー保存則は物理の根本法則であるが、熱力学第2法則、すなわちエントロピー増大の法則は根本法則と呼ぶには、少々人間臭い法則である。

つまり、そこには秩序という概念が現れるのである。

多くの粒子が秩序正しく配列された孤立系があるとき、時間が経過すると、その系の粒子の配列はしだいに乱雑なものになっていく。この変化をひと言で言えば、この系のエントロピーは時間の経過とともに増大するということになる。

つまり、エントロピー増大の法則とは、秩序あるものが、時間が経てば次第に無秩序になっていくという法則である。

もちろん、これは法則の定義そのものではないが、まったく的外れな説明というわけではないだろう。

そこで、秩序とは何か、無秩序とは何か、ということを考えてみよう。

図8-1aと**b**を見ていただきたい。

20×20のマス目に、312個の白いタイルと88個の黒いタイルが配置された図である。

どちらが秩序があり、どちらが無秩序であろう?

直感的には、**図a**に秩序があり、**図b**には秩序がない。

しかし、20×20のマス目に対して、サイコロを使うなり、何らかのランダムと思われる方法で、312個の白いタイルと88個の黒いタイルで埋めていったとき、**図a**のパターンが現れる確率と**図b**のパターンが現れる確率は、まったく同じである。

エントロピー増大の法則を、単に確率の問題と片付けてしまうと、**図a**はエントロピーが小さく、**図b**はエントロピーが大きいというふうに誤解してしまう。

しかし、20×20のマス目に312個の白いタイルと88個の黒いタイルを配置する方法は、細かい数字は略するが、**図a**でも**図b**でも同じであることは、計算してみれば明らかである。

図 8-1　20×20 のマス目で秩序と無秩序を考える

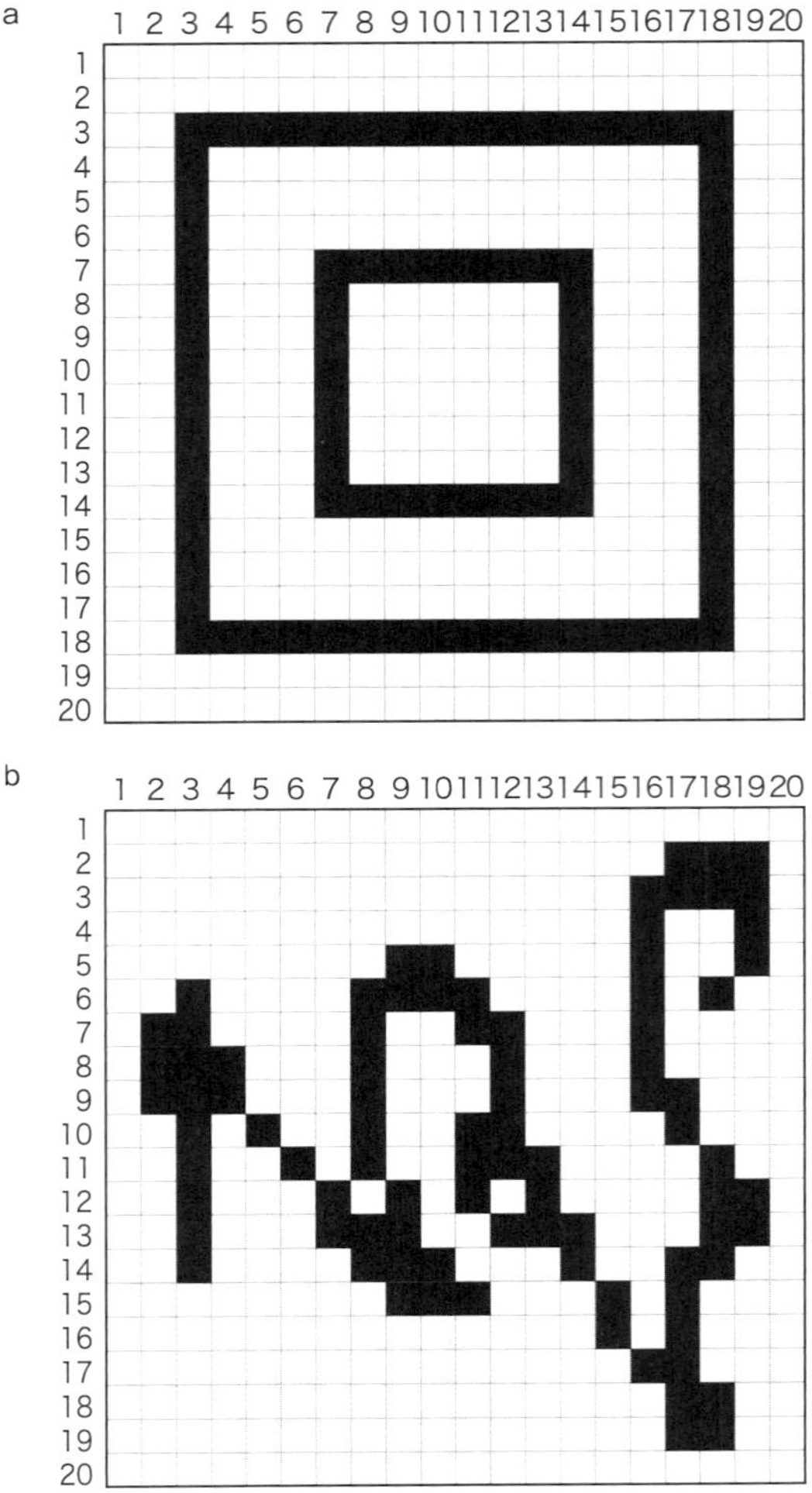

a、b ともに 312 個の白いタイルと 88 個の黒いタイルからなる。

ではなぜ、秩序がある配置の確率は少なく、秩序がない配置の確率は多いと直感するのであろう？

答えは簡単で、秩序がない配置の確率は、むろん圧倒的に多いのである。しかし、**図b**に関して言えば、それは秩序のない配置の内のただ一つに過ぎない。つまり、**図b**という配置になるのは、無数の配置の中のただ一つなのである。

ただ、我々は**図a**の配置には秩序があり、**図b**の配置には秩序がないと感じるのである。

つまり、秩序があるかないかは、きわめて主観的な判断と言わざるを得ない。

じつは、**図b**の配置を一見しただけでは、何の意味も見出せない。それゆえ、**図b**は意味ありげには見えるが、我々の直感はこの配置には秩序がないと判断するのである。

試しに、本書を右に90度回転させて見ていただくと、どうであろうか。

そこには何やら意味ありげな形が浮かび上がる。

これは、五十音図ひらがな第10行第4段の「ゑ」である。

このことを認識したとき、**図b**には秩序がないという我々の判断は逆転する。

図bにも意味があり、それゆえ秩序があるのである。

くり返しになるが、物理学的に定義されたエントロピーにはそんな曖昧さはないのであるが、エントロピーに秩序や効率という考え方を結び付けると、こうした誤解を生むことになるのである。

生きることは環境との闘い

我々が秩序や無秩序ということに敏感なのは、むろん我々が生命だからである。生命体を構成している分子の構造は、非生命の物質構造とは根本的に違う非常に特殊なものである。分子構造のわずかな部分、電子一個の配置が異なっても生命活動を続けられないという状況はしばしばあるはずである。このようなデリケートな物質配置こそ、我々が秩序と呼ぶものなのである。

では、なぜ生命は秩序が壊れていく方向へ時間の流れを創ったのであろうか。

念のため注釈すれば、これは生命が時間の流れを創るということを是とした話である。これまですでに見てきたように、我々は時間の流れが記憶と感覚という観測装置から生まれるものであると仮定してきた。もし、時間の流れが生命の存在とは無関係に存在しているものなら、このような議論は成り立たない。しかし、前章で見たように、実在というものは孤立した系に存在するものでなく、系と系との関係性の中から生まれてくるものであるとするなら、時間の流れもまた時空と生命の関係性の中から生まれてくるであろう。もし、時間の流れが今とは逆であるなら、世界は無秩序から秩序へとひとりでに変化していく。そのような世界なら、わざわざ周囲の過酷な環境に抗《あらが》う必要はない。そのまま時間の流れに沿って身を任せれば、すべては順調に進んでいくはずである。

何もしなくても、穏やかにひとりでに事が運ぶ世界。これは一見、理想的な極楽浄土のような世界であるが、考えてみれば、そのような世界に生命が存在する意味があるだろうか。これは、まさに「死」の世界ではないだろうか。つまり、極楽浄土イコール死の世界である。

生命は常時、環境と闘わねば生きてゆけない。

そこに「生きている」という意味があるのである。

自分を取り巻く世界は、原子分子が無秩序に激しく渦巻く、まるで地獄のような世界である。人間は巨大な多細胞生物だからあまり深刻に感じないが、周りの大気や水分子は常温でも秒速数百メートルでランダムに飛び交っている。小さな単細胞生物にとっては、いわば分子嵐である。そのような環境にただのほほんと暮らしていれば、我々の細胞はあっという間に傷付けられ、破壊されてしまうであろう。細胞はつねにそのような破壊的環境に抗して身を守らねばならない。

過酷な環境との闘いが生命を誕生させた

現在、**生命の誕生の場所**としてもっとも有力視されているのは、深海の熱水噴出孔付近であると言われている。生命活動には水が凍るような低い温度よりは、水が液体となる温度の方が適していることは言うまでもない。凍るような冷たい海水と熱水噴出孔から吹き出る熱い水が混じれば、適度な温度になることは確かである。しかし、ひょっとすると最初の生命は、穏やかな水温の場所よりは、もっと噴出孔に近いところで生まれたのかもしれない。

生命が生命たる所以は、生きているという「意識」である。「意志」と言ってもよいかもしれない。もちろん、この意識は、人間が持つような自意識ではない。自意識ではないが、ちゃんと自分というものを持っていて、周りで荒れ狂うエントロピーの嵐に対して必死で抗う存在である。生きるためには、このような強烈な「意志」が必要なのである。そして、その「意志」がより強固になるような場所は、生ぬるい温水中よりも、噴出孔近くの熱水に触れるような場所だったのではなかろうか。

危険な分子の嵐が強ければ、生きる「意志」も強くなければならない。それゆえ、生きているのがより困難な場所にこそ、逆説的ではあるが、生命の「揺り籠」があったと考えるのは理に適《かな》っているように思われる。

仮に、このような環境で生命が誕生したとして、命の危険は熱水というエントロピーの嵐だけでは収まらなかった。

なぜなら、生命は自己増殖を始め、我が身を増やし、海水中を単細胞のバクテリアで埋め尽くしていくのだが、もともと我が身であった細胞は、我が身を離れて「兄弟」となった瞬間に、相対する敵となってしまうのである。

生き延びるためにはエントロピーの嵐だけでなく、自らの分身である兄弟、子孫と闘わねばならないのだ。

敵を倒し、自らが生き残る。これが最重要の生存戦略となる。

増殖と適者生存は、生命のもっとも重要な生存戦略である。

こうして、生命進化が始まる。

やがて「性」が生まれ、一部のシアノバクテリアが生み出す猛毒の酸素が地球大気を汚染するが、この危険な酸素のエネルギーを利用する多細胞生物が現れる。

ただ、このような複雑な進化が必然であったとは思えない。数々の危機と試行錯誤のくり返しが、たまたま地球生命を存続させたのである。巨大隕石《いんせき》の衝突が生命種の90パーセントを絶滅させるが、それでも生き延びた少数の命がまた増殖と適者生存をくり返す。

これが人類発生までの生命進化の歴史である。

人類発祥はまさに、きわめて稀なる僥倖に過ぎない。

我々の宇宙で生命が発生したことは偶然ではあるが、先にも述べたように、ある意味、必然でもあった。すべての物理法則とそれによって必然的に生じた原子や分子の誕生が、生命発生のお膳立てをしたのである。星や銀河の誕生はほとんど必然であった。そして、おそらく何兆個もの銀河の中から生命が誕生する確率はかなり高かったのではなかろうか。

しかし、生命が誕生しても、それが人間のような知的生命に進化する可能性はきわめて低い。

次章で触れるが、我々の宇宙は広大ではあるが、無限に拡がっているわけでもない。我々の宇宙はおそらく有限で、それゆえ、生まれる銀河の数も有限で、創造される生命、あるいは生命もどきのものの数も有限であろう。

そんな限られた生命の中から、知的生命が発生する確率はきわめて低いと考えるのが自明ではないか。

むろん、さまざまな説があり、確実なことは何も言えないが、筆者の直感としては、人類のような知的生命の存在は、我々の宇宙では地球が唯一ではなかろうかという気がする（もちろん、心情としては、あまたのSFが描いてきた、あまたの宇宙人がいてほしいとは思うのだが……）。

話はエントロピー増大の法則からかなり飛躍した。

何度か述べたが、本書の主旨はSF的思考実験である。

ここで、もう一つ思考実験の飛躍を試みよう。

最終章となる第9章では、光速の壁を乗り越え、この広大な宇宙を脱出し、我々の宇宙とは原理も物質存在も何もかもが異なる別宇宙へと飛び出してみよう。第4章でマルチバース（多元宇宙）の存在の可能性を述べた。

宇宙は一つではない。我々の世界とはまったく異なる原理と法則で支配される別宇宙が無数に存在するというのである。

我々の宇宙を飛び出し、マルチバースの別宇宙へ飛び込む方法があるのか、ないのか、我々はまったく知らない。

しかし、想像するのは自由である。

マルチバースが存在するのであれば、そして万が一にも人類が永遠に存続できるのなら、我々の末裔《まつえい》はマルチバースへ進出するかもしれない。

最終章は、そんなＳＦ的思考実験空想譚《たん》である。

第9章　百兆年の旅路

生命の「動き」と光速

SF的思考実験の旅もいよいよ最終章である。

まず、本章の章題であるが、これはブライアン・オールディス（1925〜2017）のSF評論『十億年の宴 SF——その起源と歴史』[1]（東京創元社 1980年）および『一兆年の宴』[2]（同 1992年）から拝借している。十億（billion）、一兆（trillion）の次は「千兆（quadrillion）年の宴」となるはずであるが、日本語としては、百兆の方が千兆より語呂がよいと感じたからに過ぎない。

むろん、本書はSF評論ではなく、オールディスの著書とは何の関係もないが、『十億年の宴』というタイトルは、プラトンの『饗宴《きょうえん》』[3]ともアンサンブルして、何とも心地よく筆者の脳裏に浮かぶのである。

毎夜の酒宴に興じているうちに百兆年の歳月が過ぎ去り、故郷の地球は百兆光年彼方の時空の壁に凍結している。これはSFファンならよくご存じ、オラフ・ステープルドン（1886〜1950）の『スターメイカー』[4]（クラテール叢書 1990年）の現代版である。あるいは現代版『浦島太郎』であろうか。

さて、前章までの到達点を確認しておこう。

本書と前著2冊（『時間はどこで生まれるのか』『空間は実在するか』）で、筆者がＳＦマインドを駆使して追い求めてきたメイン・テーマは生命と時間であった。

時間は空間抜きで考えることはできず、生命もまた時間と空間の中に生きている。そして、時空の中に生きるということこそ、モノの「動」き、すなわち「生きた」速度の創造なのである。これは持って回った表現であるが、「速度」は、「距離÷時間」で物理的に定義できる時空の傾きに過ぎないが、そこに「動き」を発見した生命こそが、真の意味での速度の創造者なのである。

生命は自由意思を持っている。生命は物理法則を破ることはできないが、その制約の中でも自由に「動く」ことができる。「動き」とはまさに「自由意思による移動」なのである。

地球や火星は太陽の周囲を回るが、これは自由意思ではない。自由意思を持たないものが時空の中に軌跡を描くとき、これを「動き」と主張することはできないのではないか。「動き」ではなく、それは単なる「軌跡」、単なる「世界線」に過ぎない。カオス的不確定性はあるとしても、星々や銀河の過去・現在・未来は固定されたものである。

固定された動きの究極にあるものが、光速である。

星々の「動き」は観測する者によって変化する。固定された軌跡であるが、それは観測者によってどのようにも変化する。

しかし、光速は誰から見ても変化しない。すなわち、光速とは単なる光の「動き」ではないのである。

究極的に不変であるもの。それが光速である。

それゆえ、生命と光速は、まるでかけ離れたものであるにもかかわらず、否、まるでかけ離れたものであるがゆえに、弦に生じた定常波の両端の節のように、宇宙の総体を体現する要となっているのではなかろうか。

真なる動き、自由意思による動きを創造した生命は、時間の流れを創造したと言ってもよいであろう。

もとより、時間そのものに動きはない。時間は空間と相まって、この宇宙を構成する枠組みなのである。

いわば、建造物の土台であって、この土台が「流れて」いては、宇宙は存在することさえできないであろう。

時間の流れがあるからエントロピーは増大する

ところで、生命には自由意思があるが、自由には動けない。

我々はいかにも自由であるように見えて、じつはきわめて厳しい制約のもとに動いている。

まず、我々は空間的にも時間的にも飛躍することができない。「**テレポーテーション**※」は不可能である。

※テレポーテーションという言葉はＳＦではお馴染みであるが、最近では量子コンピューターの研究が進んで、ミクロの世界の量子テレポーテーションと安易に混同されがちなのは要注意である。量子テレポーテーションはあくまで量子世界の現象で、我々のようなマクロの物体が瞬時にどこかへ移動するような現象は決して起こらない。

さらに、空間的には右も左も自由に「動ける」が、時間的には過去から未来へとしか「動けない」。

空間はさておき、時間を過去から未来へとしか動けないという制約は、きわめて過酷である。我々は時間の奴隷なのである。

なぜ、過去から未来へとしか動けないのか。

その理由を前章で、エントロピー増大の法則に求めた。

生命は宇宙の中で特別な存在である。その理由は、生命が秩序というものに意味を持たせているからである。

我々は生命以外の自然界の中にも、時折、秩序を見出す。しかし、そのような秩序は、偶然によるものであり、意図的にもたらされたものではない。

確かに、エントロピー増大の方向と時間軸の方向は一致しているが、エントロピーの増大が時間の流れを創り出しているわけでは決してない。むしろ、時間の流れがあるからこそ、エントロピーは増大するのである。

それでは、時間の流れはどこから生まれるのか。

客観的な物理的宇宙の中に、時間の流れを創り出すものなどどこにもないとすれば、我々が、生命が、宇宙の中に時間の流れを見出す、否、創り出すと考えるのがもっとも合理的な結論であろう。いや、カルロ・ロヴェッリ流に、実在は関係性の中から生まれるのだとすれば、光速一定を原理とする相対論的時空と生命現象（知覚と記憶）の関係性の中から生まれるのであろう。

では、どうやって時間の流れを見出すのか。どうやって時間の流れを創るのか。

これは簡単には答えを出せない難問であるが、ひと言で言えば、生命がエントロピー増大の嵐に抗う「苦闘」の中から創り出される、という答えしかないのではなかろうか。

くどいようだが、実在は関係性の中に生まれるのである。エントロピー増大という「自然法則」と、それに抗う生命との関係の中から時間の流れという「実在」が生まれるのである。

生命が時間の流れを意識するのは、当然、時間軸上の刹那《せつな》、刹那においてである。我々は刹那、刹那において時間を創造している。

百兆年の未来

刹那、刹那の積み重ねが時の流れであるとするなら、百兆年という歳月は途方もないものである。

死を免れ得ない個々の生命は、百兆年どころか一億年、一万年、一千年の歳月さえ体験することはできない。

そもそも百兆年の未来にこの宇宙が存在しているかどうかさえ不明である。それゆえ、ふつうの生命、我々人間以外の生命は、未来のことなど考えるはずもない。

しかし、人間は未来を考える。それも遠い未来を考える。

宇宙はこれからどうなるのか。

宇宙に未来はあるのか。

そのようなことに意味を見出すのは、遠い未来まで人類は存続しているだろうという予測、というよりは期待があるからであろうか。

天文学者や物理学者が、自分が存在しているはずもない遠方の宇宙や遠い未来のことを考えるのも、自らの命の儚《はかな》さを憂《うれ》うがゆえにではなかろうか。

物理学者のブライアン・グリーンは最新の天文学の知識に基づいて『時間の終わりまで 物質、生命、心と進化する宇宙』[5]（*Untill the End of Time*, 2020　邦訳：青木薫　講談社ブルーバックス　２０２１年）という分厚い本を書いている。

グリーンが言及する未来は、百兆年などという生易しいものではない。

彼は10の１００乗年先の未来に言及する。

量子論は確率的に何でも起こりうる世界である。これだけの年月をかければ、不可能なことは何もない。あらゆることが起こり得る、というわけである。

たとえば、はるか彼方の未来には、ボルツマン脳と呼ばれる知能が出現する。それは人間が創り出したものではない。いわば、量子世界が創り出した万能の、ＡＩならぬ自然発生的頭脳である。

何でもありだから、むろんエントロピーが減少する宇宙も存在する。

エントロピーが減少しては、抗う対象がなくなる。そんな世界に生命は存在し得ないであろう。

もっとも、そんな未来に人類が存続している可能性はほとんどないし、そもそも我々の宇宙さえも消滅している可能性が高いであろう。

全人類の数十億分の一に過ぎない一人ひとりの人間が、そんな想像を超えた世界を想像するということは、必然的な死を待つ、限りある自分の命を儚く思い、不可能を可能にしたいという本能的な願望であろうか。

グリーンの論調には、表には出てこないが、そのような秘めたる願望を感じる。そこには楽天的な発想は微塵《みじん》もなく、どちらかと言えば、ペシミスティックな諦観のようなものを感じるのは、穿《うが》った見方であろうか。

さらに、彼の論調には、知性こそが永遠の価値であるという想いが込められているようである。

しかし、それは人間の思い上がりかもしれない。

確率的に言って、人類のような知性を持った存在がこの宇宙に出現する可能性はほとんど0であった。もちろん、この宇宙は人類などいなくても存在したであろうし、宇宙全体から見れば、人類がこの宇宙に存在する意味など何もない。そんなことを考えるとしたら、それこそ明らかに思い上がりであろう。

しかし、稀なる偶然によって、おそらく10の100乗分の1以下の確率で我々は存在してしまったのである。

現に存在するものが、存在する「意味」と存在する「権利」を主張することは当然とも言える。

文明の危機

たまたま、この宇宙に存在してしまった儚い存在である人類が、これからいったい何をなすことができるのかということを、空想を交えて少し楽観的に考えてみよう。

むろん、これは脳天気なまでの楽観論であり、冷静な判断をすれば、確率的に人類がこの宇宙に存続する期間はきわめて短いということは、いつも銘記しておくべきである。

今さら言うまでもないことだが、人類は自らの愚かな行動によってこの数百年の間に自滅するということも充分考えられる。気候変動はそのほんの一端に過ぎない。今、地球上に起こりつつある温暖化は、過去の気候変動と比べればはるかに急激であるが、そのことによって勢力を拡大する生命種もあるだろうから、生命全体の危機とまでは言えないであろう。いわば、文明の危機である。しかし、地球とは何の関係もない太陽活動のわずかな変動が、地球上の全生命を絶滅に追いやる可能性も小さくはない。

いずれにしても、人類という種の存続期間は、筆者の勝手な想像であるが、せいぜいのところ数百万年、文明の存続期間はせいぜい数十万年未満ではなかろうか。種としての存続期間はともかく、文明の存続期間に関しては、数十万年は楽観的過ぎるかもしれない。原子核のエネルギーまで自由に操れるようになった能力と、それにもかかわらず敵対、紛争、戦争という暴力による悪の連鎖を止める方法を知らない人類が、数十万年もの間、文明を維持できるとは到底考えにくいからである。

それゆえ、数十万年もの間、文明を維持できる確率はきわめて低い。しかし、希望はそれが0ではないということである。

自然選択によって生き残ってきた生命は、基本的に利己的である。まず「自分」という個体が生き残ることが優先される。そして、意識はしないが「自分」の属する種の保存も優先される。人間以外の動物は、ただその本能のみによって生きている。いわば、成り行き任せで、自らの種の運命は自然の摂理に従うしかない。

しかし、人間は自然の摂理に反する行動を取ることもできる。そして、それが往々にして自ら厄災を招くことになってきた。しかし、稀にではあるが、その逆が起こることもある。

その気になれば、人類という種を存続させる方法はいくらでもある。他の生命種が到底持つことができない知恵を絞ることによって、人類が永遠の文明を維持する可能性も0では決してない。

確かに、核戦争と気候変動の危機は差し迫った問題であるが、仮にその二つの危機を乗り越えたとしても、自然は無慈悲である。先にも書いたように、太陽活動の急激な変化は、いつ地球全体を呑《の》み込むか、それは数万年先の未来かもしれないが、明日かもしれない。

巨大隕石の地球衝突も、いつかは起こりそうだ。むろん、明日や数カ月後などということはないが、仮に数年後にそういう事態が起こるということが検知されれば、それを逃れる方法が今の科学技術の力でどうにかなるかどうかは何とも言えない。

さらに、太陽系外からの脅威もある。地球から百光年以内の恒星だけでも数百個はあるが、そのうちのいくつかは、いつ超新星爆発を起こしてもおかしくない状態にある。オリオン座のベテルギウスは、明日にでも超新星爆発を起こす可能性があると言われている。

このような、太陽系を含め、数百光年の範囲内での自然現象による脅威はいくらでもあるだろう。

そして、それは時が百年、千年、一万年と過ぎゆくように100パーセントの確率で確実に起こることである。

人類は、今やその脅威を知っている。

それゆえ、馬鹿げた争いをしている場合ではない。

具体的に、どのような脅威が、いつの時期にやってくるかはおいておくとして、何とか人類がこれらの危機を克服し、文明を存続させるためには、どのようなことが可能なのかを、空想を逞《たくま》しくして描いてみることにしよう。

恒星間カプセルで生き延びる

アーサー・C・クラーク（1917〜2008）の『太陽系最後の日』（ハヤカワ文庫SF 2009年）では、人類が生き延びるため、宇宙船の大船団を作って、太陽系を脱出する。しかし、巨大な宇宙船を作ったり、全人類がいっせいに宇宙へ飛び出すような巨大プロジェクトを実行に移すことは、実際問題として技術的にきわめて困難である。

さまざまな脅威を避ける手段は、やはり宇宙への進出しかないように思われるが、その手段はこれまでの多くのSFに描かれた方法に比べれば、ずっと地味でコンパクトなものを採用すべきであろう。

「宇宙船地球号」の提唱者であるリチャード・バックミンスター・フラー（1895〜1983）は、エコロジーを背景にしたさまざまな技術的アイデアを提案した。[6]

その一つに、**図9-1**に示したような「浮遊する球体都市」というのがある。

この直径30メートルのジオデシック球と呼ばれる気球のような浮遊体は、決して空想の産物ではない。残念ながらこの球体が実際に作られたことはなかったが、フラーは綿密な技術計算のうえでその可能性を示した。

この球体はあくまで地球大気圏での居住空間であり、宇宙への進出にそのまま使えるわ

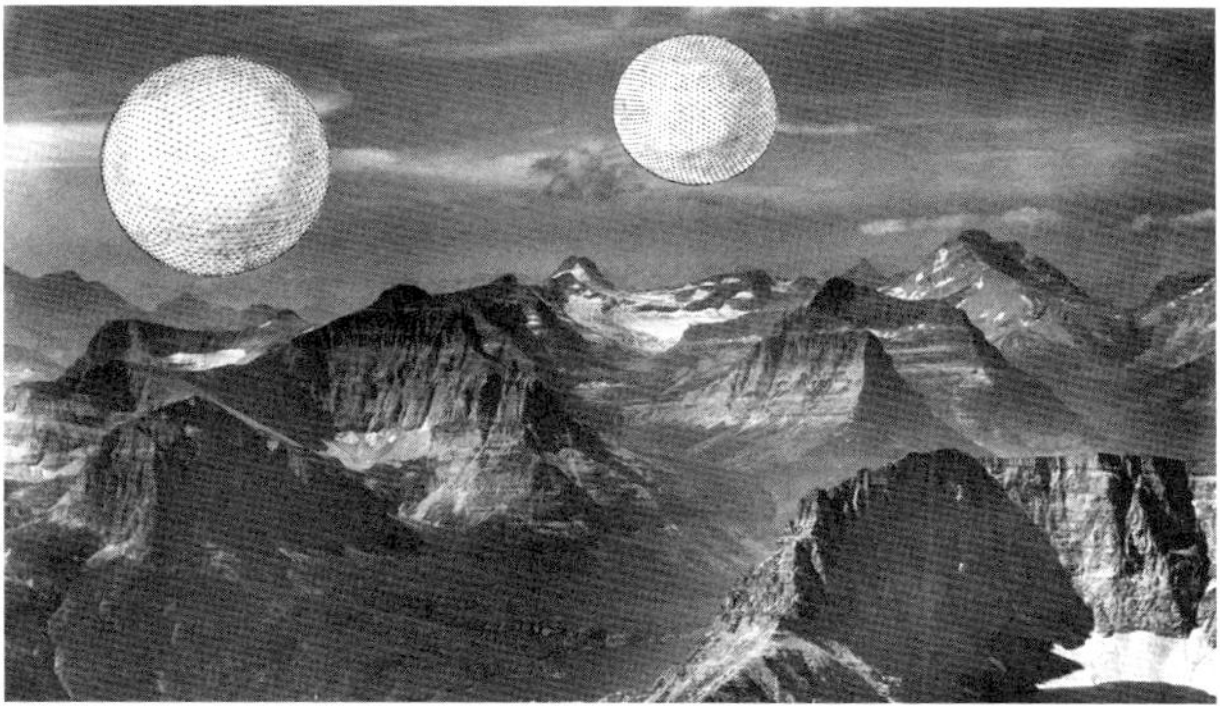

図 9-1　「浮遊する球体都市」

提供：The Estate of R. Buckminster Fuller

けではないが、人類が恒星間への旅に出るときの乗り物として、この球体都市は一つの可能で有力なコンセプトを示しているのではないだろうか。

つまり、小型であり、軽量であり、堅固ではあるが、重厚な装備ではなく、安価に作れて複製も容易な構築物である。

宇宙への進出ではないが、小型の移住性カプセルという発想は、拙著『人類の長い午後』[7]（現代書林　1999年）でも紹介した。手前味噌《てまえみそ》ながら、その内容をちょっと紹介しておくと、時は25世紀、環境汚染や巨大隕石の衝突によって文明の崩壊した世界にあって、その厄災を生き延びた人々は、家族や仲間といった少人数の単位で、海上に浮かべた小さな移住性カプセルの中で生活するのである。ナノテクノロジーによって「万能物質製造マシン」※を作り、個人的規模で食料などが自由に加工調達できるようになった社会では、大勢の人間が陸地に定住して生活するよりも、少人数でそれぞれの集団が思いのまま、手軽に移動する海上ミクロポリスの世界が来るだろうという未来予測のノンフィクションである。

人類が太陽系を離れるときも、おそらくは少人数の集団が、小さな恒星間カプセルに乗って、それぞれ思いのままに新天地を求めて出発するのではないだろうか。

むろん、そのようなことが可能になるためには、想像を超えた技術革新が必要である。ローマ帝国の時代に生きた人々が21世紀の世界を見るような、現在の我々から見れば想像すらできないような驚異的な技術である。しかし、文明が存続するかぎり、テクノロジーの進化に限界はない。人類が野生動物に戻るようなことさえなければ、そのような技術はいつかは実現するであろう。

半永久的な恒星間旅行を可能にするためには、まず食料をはじめとする物質資源の確保が必要であるが、そのためには軽量でコンパクトで効率的な核融合炉が必要である。

宇宙空間には1立方メートルあたり少なくとも1個の水素原子あるいはヘリウム原子が存在するから、「万能物質製造マシン」を使って、それらを凝縮し、融合していけば、生存と生活に必要な元素はほとんど調達できる。

※「万能物質製造マシン」とは筆者の造語で、227ページで紹介した拙著『人類の長い午後』に出てくる家庭用の何でも（食料でも雑貨でも）作ってくれる装置である。原理はナノテクノロジーならぬフェムトテクノロジーで、極微小のフェムト原子核機械が、原料さえ補給すれば、さまざまな核子を常温で結合させて、原理的に可能な原子や分子を何でも即時に作ってくれる夢の物質製造機である。
なお、「ナノ（n）」は10のマイナス9乗＝10億分の1、「フェムト（f）」は10のマイナス15乗＝1000兆分の1を表す接頭語。

SFに登場する恒星間飛行は、ほとんど既知あるいは未知の惑星系を目指す旅であるが、物質の調達さえできれば、あえて惑星に着陸する必要はない。
地球環境や太陽活動の異常により、やむなく太陽系を脱出した人々は、危険を冒してまでも遠方の恒星系を目指す意図などないはずである。できれば、地球に留まりたかったが、やむを得ず逃れて来たのである。いわば、好んでではなく、生きるために残された最後の選択肢として宇宙空間に飛び出したのだから、かつての海上ミクロポリスのように、太陽系近傍に漂いながら一生を送る生活をよしとせざるを得ないであろう。

しかし、少数の人々はあくまで恒星間の冒険に出ようとするに違いない。

個人の価値観の違いによって、星間カプセルの設計も異なってくる。太陽系近傍だけで生活するなら、大した動力は要らない。宇宙線や隕石による損傷を最小限に抑えるための安全装置と、日々の食料や物資が確保できる「万能物質製造マシン」が充実していれば、一応快適な生活は送れるはずである。

しかし、冒険心に富んだ人々は、わずか4光年先のα《アルファ》ケンタウリなど眼の端にも入れず、もっと遠くの星々を目指す。銀河の中心を目指し、さらには天の川銀河を後にして、アンドロメダ銀河から、さらにさらに遠方の何十億光年も向こうの奥深い宇宙の彼方まで。

このような冒険家たちにとって、元素の調達に勝るとも劣らない重要な課題は、もちろん恒星間カプセルの飛行の動力源、エンジンである。

宇宙船の推進システムについては、SF映画やSF小説の中ではワープ航法と称して、いとも簡単に恒星間を移動できるシステムがあることになっているが、実際の研究は残念ながら、まだまだ空想の域を出ない。しかし、物質の噴射による加速ではなく、時空の歪みを利用する方法など、アイデアはいくつも提案されているから、いつの日にか、安価で永続的な加速システムが開発されることだろう。

泡宇宙への旅

ところで、恒星間飛行の目的は何であろう。

恒星間飛行は単なる観光旅行ではない。中には物見遊山の野次馬もいるであろうが、自らの生涯を賭けて未知の世界へ身を投じる人たちには、一種、哲学的な目的があるはずである。

恒星間飛行は単なる空間の飛翔ではない。宇宙の果てを目指す旅ではあるが、それは永劫《えいごう》の未来を観る旅でもある。太陽系から見ていると、恒星間カプセルは光速の壁に阻まれて、せいぜい近傍の恒星系を彷徨《さまよ》うばかり。

ところが、我々は第3章で加速する宇宙船に乗る人が見る光景を目の当たりにした。慣性力のただ中にいる人には、もはや光速の壁は存在しないのである。

思い出してほしい。第3章で我々は加速を続ける宇宙船から見える光景を描写した。

恒星間カプセルの後方には、時間が止まる時空の壁が存在する。それに対して前方には、ぐんぐん時が進む空間が永劫まで延びている。恒星間カプセルの前方では、ぐんぐんと時が進むのである。

こうして加速を続けるかぎり、我々は宇宙の果てまでも、そして百兆年の未来までも、一世代のうちに到達できるのである。

くどいようだが、恒星間飛行は空間の旅であると同時に、未来の時間への旅でもあるのだ。

時間の旅に限界はない。

宇宙の果てが何兆光年向こうにあろうとも、宇宙の寿命が何兆年も先にあろうとも、永続的な加速方法さえ手にすれば、後世の子孫に託すまでもなく、あなた自身が半永久的な未来に到達できるのである。

もっとも、後戻りして現在に戻ってくることはできないが……。

こうして、我々はマルチバースの中にできた泡宇宙（子供宇宙）まで辿り着く。

我々の宇宙の中に誕生したマルチバースの子供宇宙を、恒星間カプセルに乗った私は体験する。第4章で紹介した我々の宇宙の中に誕生した子供宇宙、さらには孫宇宙と連なる

図 9-2　恒星間カプセルに乗った私とマルチバース

a

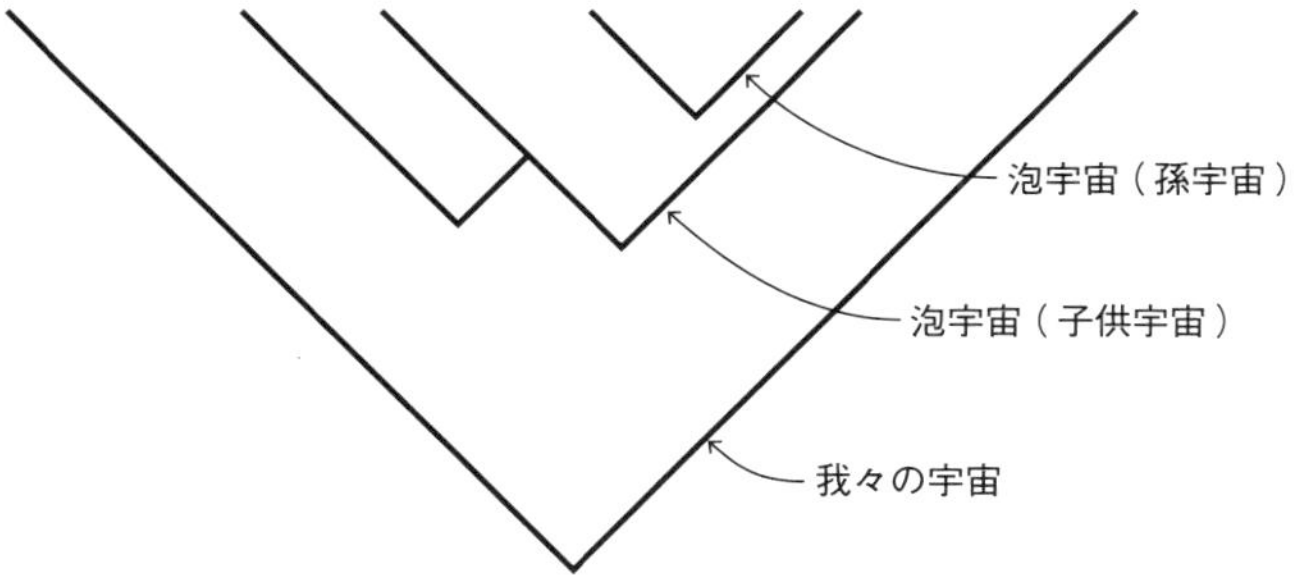

我々の宇宙の中に次々と誕生する泡宇宙（子供宇宙、孫宇宙、…）

b

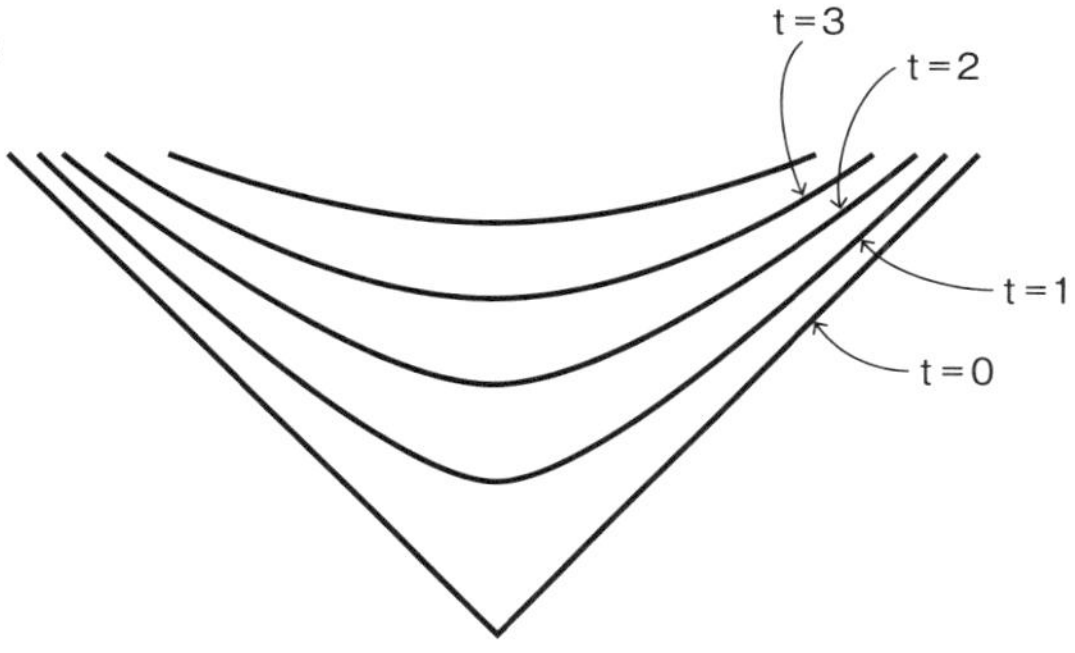

泡宇宙の中の時間経過

マルチバースの様子を思い出してほしい（図9－2a、b）。

子供宇宙の内部での時間の経過は、我々の宇宙の時間経過とはまったく違う。

子供宇宙のビッグバン、すなわち時刻0は、子供宇宙の円錐面に沿って存在するから、我々はどの瞬間においても子供宇宙のビッグバンの瞬間を見ることができる。

我々から見た子供宇宙は、その周囲がビッグバンの瞬間であり、内部に行くにつれて時間が経過した状態になっている。

ただ、重要なことは、このような認識は、恒星間カプセルに乗った人が見る光景ではなく、我々親宇宙の静止系座標から見た光景であるということである。

もっと正確に言うなら、このような子供宇宙の姿は、我々の宇宙にあって時空を超えた「神」の視点から見た宇宙であるということである。図9－2を見ているあなたは、親宇宙にも子供宇宙にも属していない。まるで「神」のように、紙面の外側すなわち宇宙の「外」にいるからである。

しかし、より重要で深刻な問題がある。

それは、恒星間カプセルがいったん子供宇宙の内部に突入したら、永久に子供宇宙から

図 9-3 「神」の視点から恒星間カプセルの動きを見る

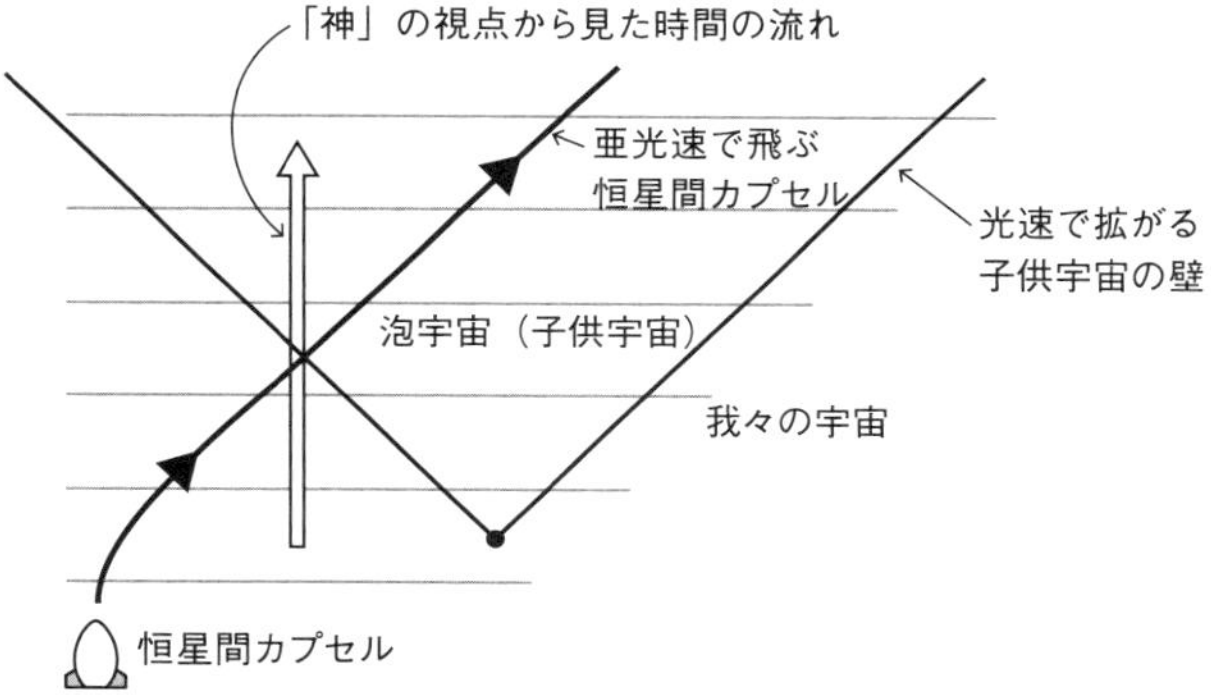

光速で膨張する泡宇宙（子供宇宙）に突入した恒星間カプセルは、永久に我々の宇宙に戻れない。

外に出ることはできないという事実である。

ここにふたたび光速の壁が立ちはだかる。

紙面の図を見ているあなたのように、神の視点からカプセルの動きを見てみよう（図9－3）。

我々の親宇宙の一点に生まれた子供宇宙は、ほとんど光速で膨張していく。その時刻0の世界線は、図のように我々の時空では45度の傾きを持つ円錐形になっている。

我々の恒星間カプセルもほとんど光速で子供宇宙の中に突入するが、その傾きは45度を超えることはない。

「神」の立場から見れば、カプセルは決して45度以上の傾きを持った超光速にはならないのである。

よって、45度の円錐の内部に突入したカプセルは、子供宇宙が光速で膨張を続けるかぎり、永久に子供宇宙の外に出ることはできない。カプセルが子供宇宙から抜け出る唯一の可能性は、子供宇宙が加速膨張を止めることである。たとえば、膨張から収縮に転じる宇宙であるならば、カプセルは容易に元の宇宙に戻ってくることができる。

宇宙の加速膨張は永遠に続くものなのか、それとも一時のものなのか、それは現時点では分からない。

そもそも、わずか数十年前には、宇宙の膨張は次第に遅くなり、やがて収縮に転じ、最後はビッグバンの逆のビッグクランチで終わると半ば信じられていた。

加速膨張は近年、にわかに脚光を浴び始めたが、じつはその原因にはいろいろな説があり、いまだ決着が着いていない。

宇宙を収縮させる力としては、万有引力が確実に存在するけれど、膨張させる力は真空のエネルギー説が有力ではあるけれど、いまだはっきりとした答えはないのである。

それゆえ、未来の恒星間カプセルに乗った人々の運命は、現在の我々の知見では何も言うことはできないのである。

る）。

究極の目的

ところで、恒星間カプセルで冒険に出かけた人々の真の目的は何なのであろう？それは人類以外の知的生命の探索ではなかろうか（と、これはじつは筆者の願望である）。

宇宙の構造を知ることはむろん大きな挑戦である。それにも増して、この宇宙に（あるいは子供宇宙、孫宇宙に）、我々以外の生命は存在するのか。そして、我々のような探究心を持った知的生命が存在するのか。これこそが、我々（筆者）が一番知りたいことなのである。

だが、今のところ展望は明るくない。

我々の宇宙には約100種類の元素が存在する。そして、これらの元素が引き起こすさまざまな化学反応こそが、生命の源泉である。それゆえ第8章でも述べたように、生命の発生はきわめて稀な現象ではあるが、ある意味、必然でもあったのである。

原子核の周りを回る電子の絶妙のエネルギー準位が、RNAとDNA分子を創り出し、シアノバクテリアの光合成システムを創り出したのである。生命の起源はいまだ明らかではないが、安定な素粒子である陽子と電子、そして不安定ではあるが陽子同士の斥力を緩和させる陽子とほぼ同じ質量を持つ中性子、これら三つの基本粒子からなる元素周期律こそ生命の源泉であったと言えるであろう。

しかし、これらの基本素粒子群は最初から必然的に存在したわけではない。クォークのレベルから二酸化炭素や水の分子構造まで、すべてが超難解なジグソーパズルの組み合わせの中から生じ、それが生命発生の最適な環境のもとで原始バクテリアへと進化した。

きわめて稀な出来事ではあるが、このような精妙な素粒子レベルの組み合わせがあれば、我々の宇宙のどこかに、いつかは生命が発生したであろう。

そういう意味で、生命の発生は充分に巨大なエネルギーと永遠にも等しい時間さえあれば、必然的に発生したであろうと推測できる。

もちろん、生命進化が始まってから多細胞生物の出現、動物の登場、大脳の発達といった道筋も、幾多の偶然の重なりで生まれたものであり、我々人間もまた、宝くじが当たる程度の「ありふれた」確率ではなく、もっと桁外れに稀なる確率で誕生したのであろう。

しかし、それでも我々が持っている元素周期律は、「生命よ出でよ！」という神のお告げのように見えるのである。

神はなぜこのように奇跡的な宇宙を創り出したのであろうか。

神の御技か、それとも？

最近のマルチバース理論は、この奇跡に一つのあまりドラマティックではない説明を付す。

我々の宇宙を存在せしめている元素周期律は、すべての基本物理定数の存在の上に成り立っている。

つまり、プランク定数hや真空中の光速cや、電気力の大きさを示す真空の誘電率ε_0や、電子の電荷eや、さらにはおそらく万有引力定数Gも含めて、これらの基本物理定数のどれかが少しでも違った値をとっていたら、我々の宇宙は存在し得なかったというのである。

むろん、宇宙そのものは存在したかもしれない。しかし、そのような宇宙には、生命はおろか、星すらも存在できなかったであろう。さらには陽子や中性子、水素原子をはじめとする100に近い元素も生まれなかったであろう。

恒星間カプセルに乗って子供宇宙を探索している我らの同朋《どうほう》が見る世界は、そのような宇宙である。

ある宇宙のどこか一点から誕生する子供宇宙では、宇宙を構成する基本物理定数が我々の世界の値とまったく違ったものになる。すなわち、物理定数が偶然によって決められるのである。それゆえ、次々に誕生する子供宇宙、孫宇宙……ではすべて物理定数が違っており、我々の宇宙と同じ物理定数を持つ宇宙が出現する確率はほとんど0である。

それでは、なぜ我々の宇宙は存在するのか。存在し得たのか。そして、生命は、我々人類は、なぜこの宇宙に存在し得たのか。

これを「神」というひと言で説明することは可能である。

たとえば、比較にならないくらい陳腐でくだらないたとえであるが、こんなふうに考えてみよう。

ある人が宝くじの1等を当てたとする。

その人は驚喜するであろう。何という幸運！　1億分の1の確率でその人は幸運を引き当てたのである。

さて、1年が経ちふたたび同じ宝くじの季節がやってきて、その人は夢よもう一度、ということで宝くじを1枚買う。

ほとんど惰性でまた宝くじを買ったのだが、それが何とふたたび1等を当てるのである。

その瞬間、その人は何と感じるであろうか。

むろん、吃驚《きっきょう》するのだが、それは昨年の驚喜とはまったく違ったものである。

おそらく、その人は、偶然自分が1等を引き当てたとは思わないであろう。「神」とも呼ぶべき何かが、自分に取り憑《つ》いたとでも考えるのではないか。その人は、確率ではなく、宝くじの神様の存在を信じることになる。自分は神に選ばれた特別の存在なのだ、と。

ところで、この現象を客観的に見れば、それは偶然以外の何ものでもない。1億分の1が2回連続だから、このような僥倖が起こる確率は、10の16乗分の1である。10の16乗分の1はきわめて小さな数であるが、0ではない。だから、そのようなことが起こっても、少しも不思議ではない。

宝くじに当たるより桁違いに小さな確率で、我々は存在する。一つの宇宙ではなく、無数に存在するマルチバースの宇宙の中で、唯一、我々が存在するのだとしたら、その存在理由を神に求めるのは至極、当然のことである。

そこに宗教が生まれ、信仰が生まれる。

一方で、それを冷徹に、偶然の僥倖と捉えることもできる。

行けども、行けども、元素もなく星もなく、光もない子供宇宙、孫宇宙を進む我ら恒星闇カプセルの人々は、何を思うであろうか。

襲う虚無感、何のために我々はこのような無益な旅を続けるのであろうか。

カプセルの中の人々は、ほとんど正気を失い死んでいく。あるいは、むなしく魂を失った抜け殻となって死んでいく。

永遠の旅路

少人数で地球より旅立った無数のカプセルの中の一つに取り残された一人の強靱《きょうじん》な生命力の持ち主は、それでも旅を続ける。

次々に現れる子供宇宙、孫宇宙、曾孫宇宙……それらの数知れぬ物理定数の異なる宇宙を旅するうちに、彼はあるとき、光に満ちた一つの宇宙に突入する。

それは神の啓示に似た光の刃である。

そして、光を浴びると同時に、彼は感じ、悟るのである。

ついに、目的地に達したと。

彼の目に、彼の耳に、彼の肌に、彼の頭脳に、明瞭で涼やかで、至福に満ちた信号が、闇の瓦礫《がれき》に閉じ込められた状態から、突如救出されたかのように、彼の体全体を打ちのめす。

我らの100の元素でできた宇宙ではなく、まったく違う物理定数の中から生まれた、まったく未知の、しかし力強く、確実で、そして美しく、調和に満ちた、知的生命がそこに存在した。

彼は至福の内に、その新たな知的生命の宇宙に溶け込んでいくのであった。

このようなことが起こる確率は、10の100乗分の1の100乗分の1である。しかし、それは生命が、人類が、偶然、地球という星に誕生したように、まったく起こり得ないことではない。

あとがき

もうウン十年も昔のある秋のたそがれどき、一人の少年が小さな町の小さな書店の棚に「ＳＦマガジン」という見慣れない雑誌を発見した。パラパラとページを繰《く》ってみると、何だか難しそうであったが、少年はお小遣いをはたいて思い切ってその雑誌を買ってみた。

少年は帰宅すると、机に座り、宿題もそっちのけで、「ＳＦマガジン」を読み始めた。その瞬間から、自分の人生が変わる予感を覚えた。わずか２００ページ足らずの薄い雑誌だったが、今まで見たことも、聞いたこともない、広大無辺の世界が拡がっていた。

これが筆者とＳＦの遭遇である。

じっさい、その後、理系に進み、大学院では宇宙線研究室に籍を置いた。以来、現在に至るまで、ＳＦは筆者の心の柱でありつづけている。

「まえがき」でも少し触れたが、本書は『時間はどこで生まれるのか』（集英社新書）、『空間は実在するか』（インターナショナル新書）に続く新書第3弾である。

最初から3冊の構成が決まっていたわけではないが、1冊目が時間、2冊目が空間であるなら、3冊目は何でしょう？　という編集子さんの独り言とも問いかけともつかぬ言葉に、「空間」と「時間」が作る物理量は、「空間÷時間」つまり「速度」でしょう、と何も考えずに答えたのが決め手となって、「時間論」「空間論」に続く第3弾は「速度論」ということになった。これが本書誕生のきっかけである。

「速度論」では、魅力ある中身が思い浮かばない。読者の関心を引かないであろう。もっと魅力ある「速度」はないものか、といろいろ考えるうちに、光速に思い当たった。

光速こそは、誰も変えることのできない絶対的存在である。

光速とくれば、ふたたび相対論のことを書かないわけにはいかない。しかし、幸いなことに第1弾、第2弾では一般相対論の話をあまり詳しく語れなかった。光速は絶対的と書いたが、じつは一般相対論の世界では光速は変化する。速くなったり遅くなったり、時として止まることさえある。これは光速が変化するというよりは、時間が変化すると考えた方がよいのだが、この事実は意外と知られていないし、「ウラシマ効果」（双子のパラドックス）がこの事実から説明できることが分かれば、SFファンも喜んでくれるであろう。

こんなふうに想像が膨らみ、構想が少しずつ出来上がっていった。もちろん、光速、時間、空間の先には、生命の創る時間というものをあらためて考察することになるだろう。しかし、これでは2冊の前著から少し前進しただけではないのか。

自分が書きたいことは、これだけなのか。

何かが欠落していると感じ、最終章をどうしめくくるか、しばらくは筆が進まなかった。あれこれ考えあぐねて、書棚に目をやっていると、『一兆年の宴』というタイトルが目に飛び込んできた。

ブライアン・オールディス、懐かしいなぁ。

オールディスの『一兆年の宴』は『十億年の宴』の続編である。いずれも20世紀末近くのSF評論である。どこからこんな魅力的なタイトルが付いたのか定かではないが、『一兆年』のまえがきの中に、「一兆年は笑いごとではない。しかしどんちゃん騒ぎはそうだ」(どんちゃん騒ぎにスプリーというルビが振ってある。浅倉久志訳 Spree は酒宴の意で、原題は *"Trillion Year Spree"*)。シリアスと悪ふざけ、これこそがSFの神髄であると理解できる人は真のSFファンと言えよう。

そうだ、足りないのはSpree だ。宴、酒宴、饗宴。

しかも『饗宴』と言えばプラトンではないか。どんちゃん騒ぎの酒宴の翌朝、寝入る人々を置いたままスタスタと帰路につくソクラテス。哲学の面白さを教えてくれた一冊だ。最終章はこれで行こうと決めた。

「笑いごとではない一兆年」は、「百兆年」とした。オールディスを超えようなどという大それたことを考えたわけではない。彼の第一作は「十億年」だったから、もし彼が第3弾を出版していたとしたら、それは『千兆年の宴』となっていただろう。そこでちょっと遠慮して、百兆年としたのである。

「宴」こそはまさにSFである。筆者が描く思考実験など専門家から見ればお笑い草であろう。つまりは「どんちゃん騒ぎ」のようなものである。

そんな思いを込めて、第9章の「百兆年の旅路」という章題は、ブライアン・オールディスの名著のいわばパロディなのである。

若かりしSF少年の夢はまだ叶えられたわけではない。道半ばである。「どんちゃん騒ぎ」をしながら、永遠のSF少年は百兆年の未来を目指すのである。

以上のような趣旨で、巻末の参考文献も学術書は極力省き、SFやSF的な著作を中心に構成した。ご了承いただきたい。

主要参考文献

第1章

1　ブライアン・W・オールディス著、伊藤典夫訳『地球の長い午後』ハヤカワ文庫SF、1977年（原著 "*Hothouse*" 1962）

第2章

1　本間三郎著『超光速粒子タキオン　未来を見る粒子を求めて』講談社ブルーバックス、1982年

2　グレゴリイ・ベンフォード著、山高昭訳『タイムスケープ　上下巻』ハヤカワ文庫SF、1988年（原著 "*Timescape*" 1980）

第3章

1　アーシュラ・K・ル・グィン著、小尾芙佐他訳「セムリの首飾り（『風の十二方位』収録）」ハヤカワ文庫SF、1980年（原著 "*Semley's Necklace*" 1964）

2　石原藤夫著『銀河旅行と一般相対論　ブラックホールで何が見えるか』講談社ブルーバッ

クス、1986年

第4章

1 J. Ellis McTaggart (1908) *The Unreality of Time*. Mind. Vol.17, No.68

2 野村泰紀著『なぜ宇宙は存在するのか　はじめての現代宇宙論』講談社ブルーバックス、2022年

第5章

1 竹内薫著『ホーキング虚時間の宇宙』講談社ブルーバックス、2005年

2 大森荘蔵著『時間と存在』青土社、1994年

3 大森荘蔵著『時は流れず』青土社、1996年

第7章

1 カルロ・ロヴェッリ著、冨永星訳『世界は「関係」でできている　美しくも過激な量子論』NHK出版、2021年（原著“*Helgoland*”2020）

第9章

1　ブライアン・オールディス著、浅倉久志他訳『十億年の宴　ＳＦ——その起源と歴史』東京創元社、１９８０年（原著 “*Billion Year Spree : The History of Science Fiction*” 1973）

2　ブライアン・オールディス／デイヴィッド・ウィングローヴ著、浅倉久志訳『一兆年の宴』東京創元社、１９９２年（原著 “*Trillion Year Spree: The History of Science Fiction*” 1986）

3　プラトン著、田中美知太郎責任編集、鈴木照雄訳『饗宴』「中公バックス　世界の名著６　プラトンⅠ」中央公論社、１９７８年（原著 “*Συμπόσιον*” 385-383BC）

4　オラフ・ステープルドン著、浜口稔訳『スターメイカー』クラテール叢書、１９９０年（原著 “*Star Maker*” 1937）

5　ブライアン・グリーン著、青木薫訳『時間の終わりまで　物質、生命、心と進化する宇宙』講談社ブルーバックス、２０２１年（原著 “*Until The End of Time*” 2020）

6　リチャード・バックミンスター・フラー／梶川泰司著『宇宙エコロジー　バックミンスター・フラーの直観と美』美術出版社、２００４年

7　橋元淳一郎著『人類の長い午後』現代書林、１９９９年

さくいん

図版作成　株式会社プロスト（プログループ）

光速《こうそく》・時空《じくう》・生命《せいめい》 秒速《びょうそく》30万《まん》キロから見《み》た世界《せかい》

二〇二四年一〇月一二日 第一刷発行

インターナショナル新書一四七

著　者　橋元淳一郎《はしもとじゅんいちろう》

発行者　岩瀬 朗

発行所　株式会社 集英社インターナショナル
〒一〇一－〇〇六四 東京都千代田区神田猿楽町一－五－一八
電話 〇三－五二一一－二六三〇

発売所　株式会社 集英社
〒一〇一－八〇五〇 東京都千代田区一ツ橋二－五－一〇
電話 〇三－三二三〇－六〇八〇（読者係）
〇三－三二三〇－六三九三（販売部）書店専用

装　幀　アルビレオ

印刷所　大日本印刷株式会社

製本所　加藤製本株式会社

ISBN978-4-7976-8147-5　C0242

橋元淳一郎《はしもとじゅんいちろう》

東進ハイスクール講師、SF作家、相愛大学名誉教授。日本時間学会会員、日本SF作家クラブ会員、日本文藝家協会会員、ハードSF研究所所員。一九四七年、大阪府生まれ。京都大学理学部物理学科卒業後、同大学院理学研究科修士課程修了。わかりやすい授業と参考書で、物理のカリスマ講師として受験生に絶大な人気を誇る。著書に『時間はどこで生まれるのか』（集英社新書）『空間は実在するか』（インターナショナル新書）のほか、参考書『物理橋元流解法の大原則』シリーズ（学研プラス）など多数。